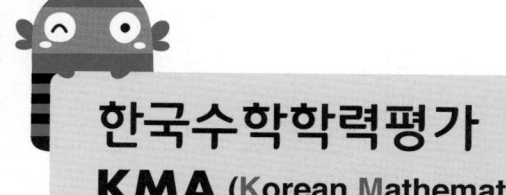

한국수학학력평가
KMA (Korean Mathematics Ability Evaluation)

1 KMA 특징

현직 교수, 박사급 출제위원!

1:1 KMA 평가 전문 상담!

KMA

AI 교과 기본/응용/심화 + 창의 사고력 도전 평가 빅데이터 결과분석

KMA 한국수학학력평가는 개개인의 현재 수학실력에 대한 면밀한 정보를 제공하고자 인공지능(AI)을 통한 빅데이터 평가 자료를 기반으로 문항별, 단원별 분석과 교과 역량 지표를 분석합니다. 또한 이를 바탕으로 전체 응시자 평균점과 상위 30 %, 10 % 컷 점수를 알고 본인의 상대적 위치를 확인할 수 있습니다.

KMA 한국수학학력평가는 단순 점수와 등급 확인을 위한 평가가 아니라 미래사회가 요구하는 수학 교과 역량 평가지표 5가지 영역을 평가함으로써 수학실력 향상의 새로운 기준을 만들었습니다.

KMA 한국수학학력평가는 평가 후 희망 학부모에 한하여 진단 상담 신청서와 상담 예약서를 작성하여 자녀의 수학학습에 관한 1 : 1 상담을 받을 수 있습니다.

2 KMA/KMAO 평가 일정 안내

구분	일정	내용
한국수학학력평가(상반기 예선)	매년 6월	상위 10% 성적 우수자에 본선 진출권 자동 부여
한국수학학력평가(하반기 예선)	매년 11월	
왕수학 전국수학경시대회(본선)	매년 1월	상반기 또는 하반기 KMA 한국수학학력평가에서 상위 10% 성적 우수자 대상으로 본선 진행

※ 상기 일정은 상황에 따라 변동될 수 있습니다.

3 KMA(하반기) 시험 개요

참가 대상	초등학교 1학년~중학교 3학년
신청 방법	해당지역 접수처에 직접신청 또는 KMA 홈페이지에 온라인 접수
시험 범위	초등 : 2학기 1단원~4단원
	중등 : KMA홈페이지(www.kma-e.com) 참조

※ 초등 1, 2학년 : 25문항(총점 100점, 60분)　　▶ 시험지 內 답안작성
※ 초등 3학년~중등 3학년 : 30문항(총점 120점, 90분)　　▶ OMR 카드 답안작성

4 KMA 평가 영역

KMA 한국수학학력평가에서는 아래 5가지 수학교과역량을 평가에 반영하였습니다.

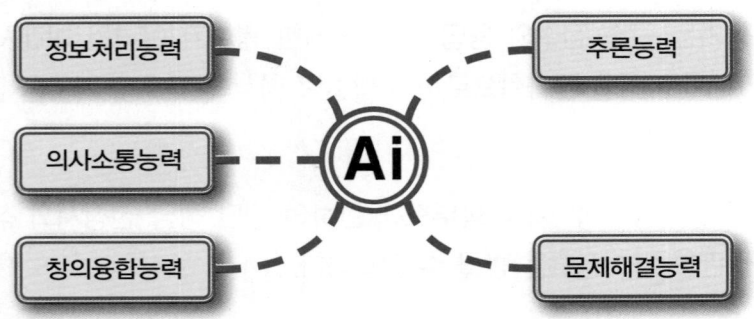

5 KMA 평가 내용

| 교과서 기본 과정 (10문항) | 해당학년 수학 교과과정에서 기본개념과 원리에 기반 한 교과서 기본문제 수준으로 수학적 원리와 개념을 정확히 알고 있는지를 측정하는 문항들로 구성됩니다. |

교과서 기본 과정 (10문항)
해당학년 수학 교과과정에서 기본개념과 원리에 기반 한 교과서 기본문제 수준으로 수학적 원리와 개념을 정확히 알고 있는지를 측정하는 문항들로 구성됩니다.

교과서 응용 과정 (10문항)
해당학년 수학 교과과정의 수학적 원리와 개념을 정확히 알고 기본문제에서 한 단계 발전된 형태의 수준으로 기본과정의 개념과 원리를 다양한 상황에 적용하고 응용 할 수 있는지를 측정하는 문항들로 구성됩니다.

교과서 심화 과정 (5문항)
해당학년의 수학 교과과정의 내용을 정확히 알고, 이를 다양한 상황에 적용하고 응용 하는 능력뿐만 아니라, 문제에서 구하는 내용과 주어진 조건과의 상호 관련성을 파악 하여 문제를 해결할 수 있는지를 측정하는 문항들로 구성됩니다.

창의 사고력 도전 문제 (5문항)
학습한 수학내용을 자유자재로 문제상황에 적용하며, 창의적으로 문제를 해결할 수 있 는 수준으로 이 수준의 문항은 학생들이 기존의 풀이방법에서 벗어나 창의성을 요구하 는 비정형 문항으로 구성됩니다.

※ 창의 사고력 도전 문제는 초등 3학년~중등 3학년만 적용됩니다.

6 KMA 평가 시상

	시상명	대상자	시상내역
개인	금상	90점 이상	상장, 메달
	은상	80점 이상	상장, 메달
	동상	70점 이상	상장, 메달
	장려상	50점 이상	상장
학원	최우수학원상	수상자 다수 배출 상위 10개 학원	상장, 상패, 현판
	우수학원상	수상자 다수 배출 상위 30개 학원	상장, 족자(배너)
	우수지도교사상	상위 10% 성적 우수학생의 지도교사	상장

※ 상위 10% 이내 성적 우수자에 본선(KMAO 왕수학 전국수학경시대회) 진출권 부여

7 **KMA** OMR 카드 작성시 유의사항

1. 모든 항목은 컴퓨터용 사인펜만 사용하여 보기와 같이 표기하시오.
   보기) ① ● ③
   ※ 잘못된 표기 예시 : ☑ ☒ ⊙ ⊘
2. 수정시에는 수정테이프를 이용하여 깨끗하게 수정합니다.
3. 수험번호란과 생년월일란에는 감독 선생님의 지시에 따라 아라비아 숫자로 쓰고 해당란에
3. 표기하시오.
4. 답란에는 아라비아 숫자를 쓰고, 해당란에 표기하시오.
   ※ OMR카드를 잘못 작성하여 발생한 성적 결과는 책임지지 않습니다.

OMR 카드 답안작성 예시 1 한 자릿수	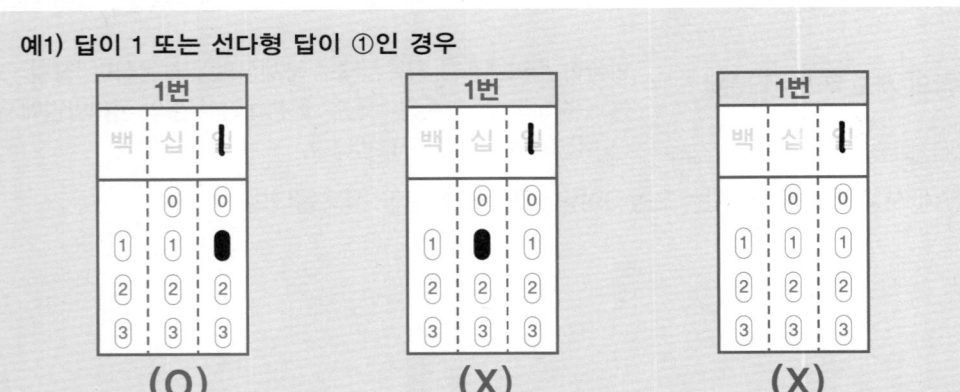
OMR 카드 답안작성 예시 2 두 자릿수	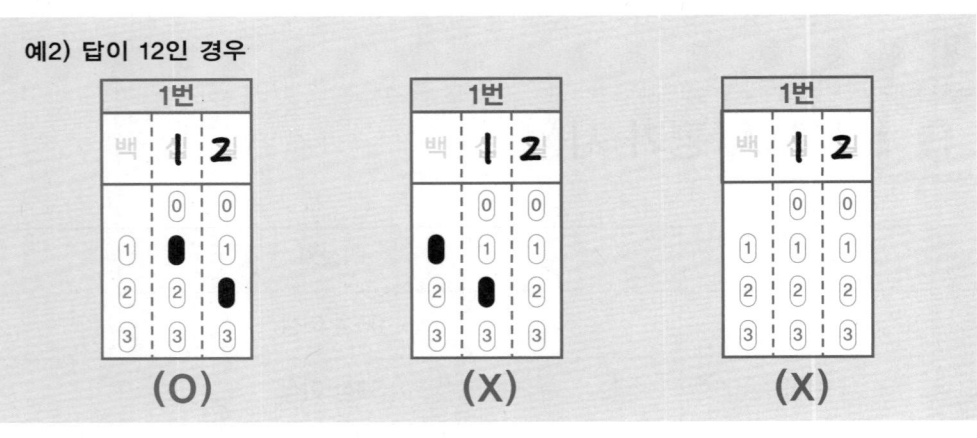
OMR 카드 답안작성 예시 3 세 자릿수	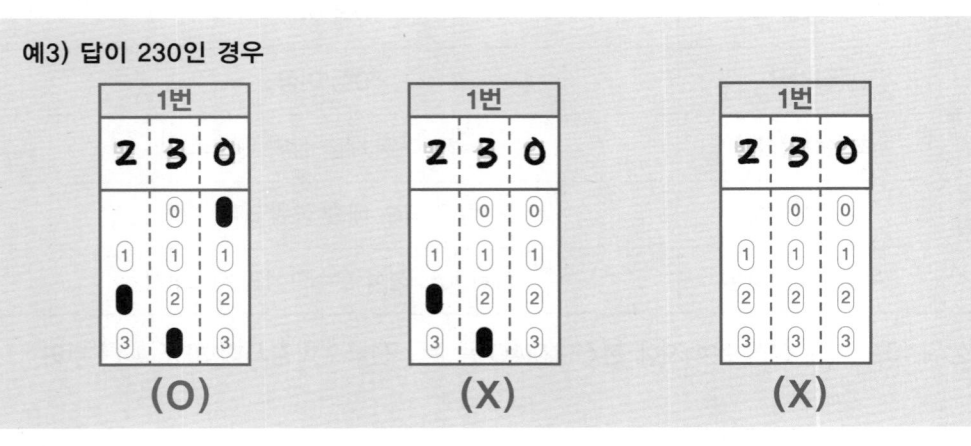

8 KMA 접수 안내 및 유의사항

(1) 가까운 지정 접수처 또는 KMA 홈페이지(www.kma-e.com)에서 접수합니다.

(2) 지정 접수처 접수 시, 응시원서를 작성하여 응시료와 함께 접수합니다.
    (KMA 홈페이지에서 응시원서를 다운로드 받아 사용 가능)

(3) 응시원서는 모든 사항을 빠짐없이 정확하게 작성합니다.
    시험장소는 접수 마감 후 추후 KMA 홈페이지에 공지할 예정입니다.

(4) 초등학교 3학년 응시생부터는 OMR 카드를 사용하여 답안을 작성하기 때문에 KMA 홈페이지에서
    OMR 카드를 다운로드하여 충분히 연습하시기 바랍니다.
    (OMR 카드를 잘못 작성하여 발생한 성적에 대해서는 책임지지 않습니다.)

(5) 부정행위 또는 타인의 시험을 방해하는 행위 적발 시, 즉각 퇴실 조치하고 당해 시험은 0점 처리
    되오니, 이점 유의하시기 바랍니다.

9 KMAO 왕수학 전국수학경시대회(본선)

KMA 한국수학학력평가 성적 우수자(상위 10%) 등을 대상으로 왕수학 전국수학경시대회를 통해 우수한 수학 영재를 조기에 발굴 교육함으로, 수학적 문제해결력과 창의 융합적 사고력을 키워 미래의 우수한 글로벌 리더를 키우고자 본 경시대회를 개최합니다.

참가 대상 및 응시료	KMA 한국수학학력평가 상반기 또는 하반기에서 성적 우수자 상위 10% 해당자로 본선 진출 자격을 받은 학생 또는 일반 참가 학생 ＊본선 진출 자격을 받은 학생들은 응시료를 할인 받을 수 있는 혜택이 있습니다.
대상 학년	초등 : 초3 ~ 초6(상급학년 지원 가능) 　　　※초1~2학년은 본선 시험이 없으므로 초3학년에 응시 자격 부여함. 중등 : 중등 통합 공통과정(학년구분 없음)
출제 문항 및 시험 시간	주관식 단답형(23문항), 서술형(2문항) 시험 시간 : 90분 ＊풀이 과정에 따른 부분 점수가 있을 수 있습니다.
시험 난이도	왕수학(실력), 점프왕수학, 응용왕수학, 올림피아드왕수학 수준

＊시상 및 평가 일정 등 자세한 내용은 KMA 홈페이지(www.kma-e.com)에서 확인 하실 수 있습니다.

10 교재의 구성과 특징

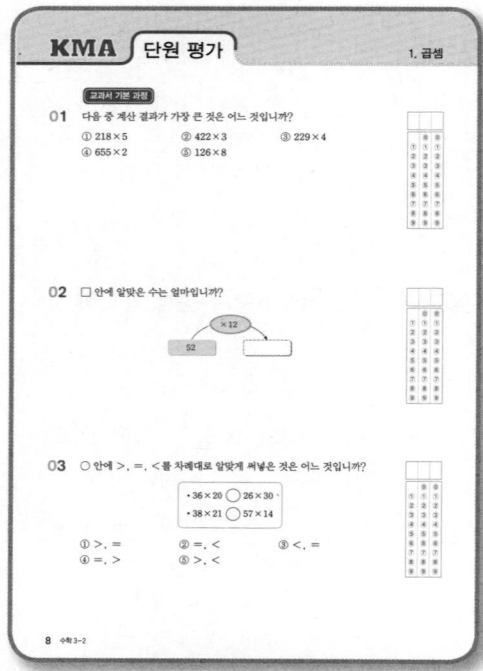

단원평가

KMA 시험을 대비할 수 있는 문제 유형들을 단원별로 정리하여 수록하였습니다.

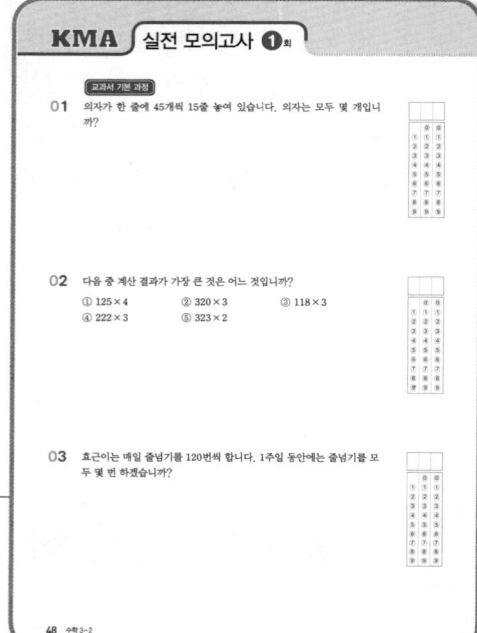

실전 모의고사

출제율이 높은 문제를 수록하여 KMA 시험을 완벽하게 대비할 수 있도록 합니다.

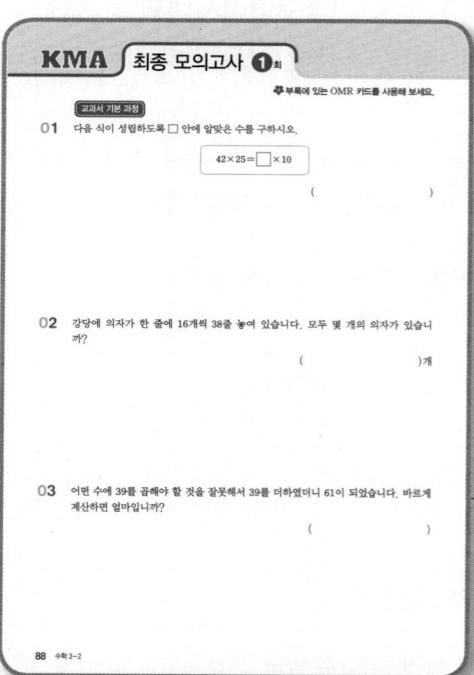

최종 모의고사

KMA 출제 위원과 검토 위원들이 문제 난이도와 타당성 등을 모두 고려한 최종 모의고사를 통하여 KMA 시험을 최종적으로 대비할 수 있도록 하였습니다.

Contents

교과서 기본 과정

01 다음 중 계산 결과가 가장 큰 것은 어느 것입니까?

① 218×5   ② 422×3   ③ 229×4

④ 655×2   ⑤ 126×8

02 □ 안에 알맞은 수는 얼마입니까?

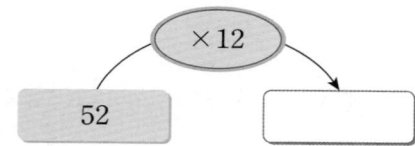

03 ○ 안에 >, =, <를 차례대로 알맞게 써넣은 것은 어느 것입니까?

- 36×20 ◯ 26×30
- 38×21 ◯ 57×14

① >, =   ② =, <   ③ <, =

④ =, >   ⑤ >, <

04 곱이 가장 큰 것부터 차례로 기호를 쓴 것은 어느 것입니까?

> ㉠ 50×40 ㉡ 28×69
> ㉢ 278×6 ㉣ 31×65

① ㉢, ㉡, ㉠, ㉣　　② ㉠, ㉡, ㉣, ㉢　　③ ㉣, ㉠, ㉢, ㉡

④ ㉣, ㉠, ㉡, ㉢　　⑤ ㉣, ㉡, ㉠, ㉢

05 ㉠, ㉡, ㉢, ㉣에 알맞은 숫자를 찾아 합을 구하면 얼마입니까?

$$
\begin{array}{r}
6\,㉠\,5 \\
\times\quad ㉡ \\
\hline
2\,5\,0\,0
\end{array}
\qquad
\begin{array}{r}
㉢\,3\,㉣ \\
\times\quad 6 \\
\hline
2\,6\,2\,2
\end{array}
$$

06 사과가 한 상자에 34개씩 들어 있습니다. 22상자에 들어 있는 사과는 모두 몇 개입니까?

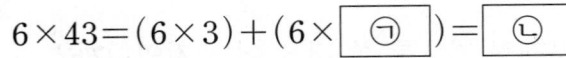
07 ㉠과 ㉡의 합은 얼마입니까?

$$6 \times 43 = (6 \times 3) + (6 \times \boxed{㉠}) = \boxed{㉡}$$

⓪	⓪
①	①
②	②
③	③
④	④
⑤	⑤
⑥	⑥
⑦	⑦
⑧	⑧
⑨	⑨

08 규형이는 1분에 84 m씩 걷고, 은지는 1분에 72 m씩 걷는다고 합니다. 1시간 동안 규형이는 은지보다 몇 m를 더 걸을 수 있습니까?

⓪	⓪
①	①
②	②
③	③
④	④
⑤	⑤
⑥	⑥
⑦	⑦
⑧	⑧
⑨	⑨

09 ☐ 안에 모두 같은 숫자를 넣으려고 합니다. ☐ 안에 알맞은 숫자는 얼마입니까?

$$\begin{array}{r} \boxed{}\,\boxed{}\,\boxed{} \\ \times \qquad \boxed{} \\ \hline 5\ \ 4\ \ 3\ \ 9 \end{array}$$

⓪	⓪
①	①
②	②
③	③
④	④
⑤	⑤
⑥	⑥
⑦	⑦
⑧	⑧
⑨	⑨

10 우유가 ㉮ 창고에는 24개씩 16상자가 있고, ㉯ 창고에는 12개씩 35상자가 있습니다. ㉮ 창고와 ㉯ 창고에 들어 있는 우유는 모두 몇 개입니까?

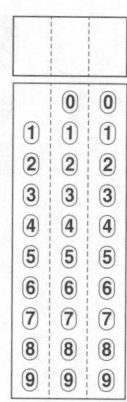

11 그림과 같이 길이가 15 cm인 색 테이프를 이어 붙이려고 합니다. 색 테이프 30장을 이어 붙이면 색 테이프 전체의 길이는 몇 cm가 되겠습니까? (단, 겹치는 부분은 2 cm입니다.)

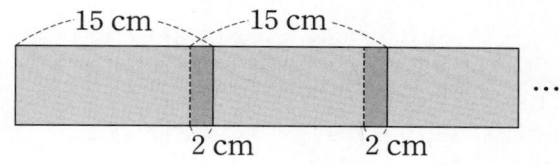

12 다음 5장의 숫자 카드를 한 번씩만 사용하여 두 자리 수를 만들 때, 세 번째로 큰 수와 두 번째로 작은 수의 곱을 구하시오.

교과서 응용 과정

13 한별이는 문구점에서 640원짜리 연필 6자루와 580원짜리 지우개 5개를 사고 7000원을 냈습니다. 거스름돈으로 얼마를 받아야 합니까?

14 종이 꽃 3송이를 만드는 데 색종이가 15장 필요하다고 합니다. 색종이를 사서 종이 꽃 108송이를 만들었더니 28장이 남았습니다. 사 온 색종이는 모두 몇 장입니까?

15 1부터 9까지의 수 중에서 □ 안에 들어갈 수 있는 수를 모두 찾아 합을 구하면 얼마입니까?

$$166 \times \boxed{} > 77 \times 12$$

16 ㉮◆㉯=(㉮-㉯)×㉯라고 약속할 때, 다음을 계산하면 얼마입니까?

$$(27◆9)◆4$$

17 다음 4장의 숫자 카드를 한 번씩 사용하여 만들 수 있는 (두 자리 수)×(두 자리 수)의 가장 큰 곱을 ㉮, (세 자리 수)×(한 자리 수)의 가장 큰 곱을 ㉯라고 할 때 ㉮와 ㉯의 차는 얼마입니까?

7 9 4 6

18 $1×1=1$, $2×2=4$에서 1, 4와 같이 한 수를 두 번 곱하여 얻은 수를 제곱수라고 합니다. 1부터 500까지 수 중에서 제곱수는 모두 몇 개입니까?

19 레몬 맛 사탕을 한 사람에게 17개씩 63명에게 나누어 주면 11개가 남고, 딸기 맛 사탕을 한 사람에게 21개씩 59명에게 나누어 주면 15개가 부족합니다. 딸기맛 사탕이 레몬맛 사탕보다 몇 개 더 많습니까?

20 어느 주차장의 주차 요금은 처음 30분까지는 무료이고, 30분이 지난 후에는 10분마다 900원씩입니다. 이 주차장에 2시간 동안 주차하고 지불한 요금이 ㉠㉡㉢㉣원일 때, ㉠+㉡+㉢+㉣의 값은 얼마입니까?

교과서 심화 과정

21 상자에 들어 있는 공깃돌을 37명의 학생들에게 15개씩 나누어 주면 23개가 남습니다. 이 공깃돌을 같은 학생들에게 남김없이 19개씩 나누어 주려면 공깃돌은 몇 개가 더 필요합니까?

22 주어진 숫자 카드를 한 번씩만 사용하여 (두 자리 수)×(두 자리 수)의 곱셈식을 만들려고 합니다. 곱이 가장 작은 경우와 곱이 세 번째로 작은 경우의 곱의 차는 얼마입니까?

8 5 2 7

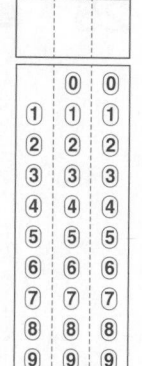

23 보기 와 같이 계산할 때 □ 안에 알맞은 수를 구해 보시오.

보기
$$9 \bigstar 7 = (9+7) \times (9-7) = 16 \times 2 = 32$$

$$40 \bigstar \boxed{} = 1375$$

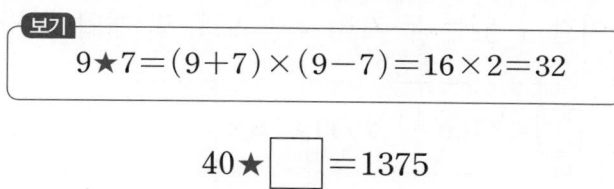

24 10분에 12 km씩 가는 자동차 ㉮와 5분에 7 km씩 가는 자동차 ㉯가 있습니다. 오늘 오후 2시에 두 자동차가 같은 지점에서 같은 방향으로 동시에 출발하였다면 오늘 오후 4시 40분에 자동차 ㉮와 ㉯ 사이의 거리는 몇 km가 되겠습니까? (단, 두 자동차의 빠르기는 일정합니다.)

25 보기 에서 ★의 규칙을 찾아 23★34의 값을 구하시오.

> **보기**
>
> $9 ★ 6 = 42$ $22 ★ 16 = 320$

창의 사고력 도전 문제

26 □ 안에 공통으로 들어갈 수 있는 두 자리 수는 모두 몇 개입니까?

> $32 × \boxed{} < 1700$ $2500 < 75 × \boxed{}$

27 효진이가 1분 동안 걷는 거리는 80 m이고, 자전거를 타고 1분 동안 가는 거리는 250 m입니다. 효진이가 공원에 가기 위해 25분 동안 걷고 나머지는 자전거를 타고 갔더니 모두 57분이 걸렸습니다. 효진이가 이동한 거리는 모두 몇 km입니까?

28 길이가 45 cm인 색 테이프를 4 cm씩 겹치도록 이어 붙였습니다. 이어 붙인 길이가 15 m보다 길게 하려면 적어도 몇 장의 색 테이프를 이어 붙여야 합니까?

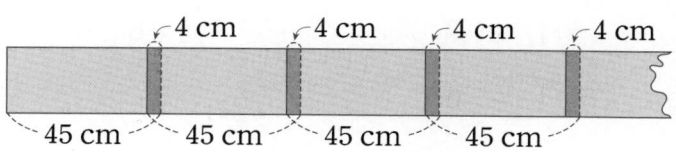

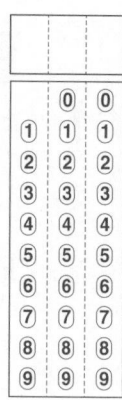

29 어떤 두 자리 수 ㉠㉡과 이 수의 십의 자리 숫자와 일의 자리 숫자를 바꾼 두 자리 수 ㉡㉠의 곱이 4032일 때 ㉠㉡＋㉡㉠의 값은 얼마입니까?

30 ㉮ 상자와 ㉯ 상자에 구슬이 들어 있습니다. 유승이는 ㉮ 상자의 구슬을 9개씩 꺼냈더니 208번만에 모두 꺼냈고, 한솔이는 ㉯ 상자의 구슬을 4개씩 꺼냈더니 351번만에 모두 꺼냈습니다. 유승이와 한솔이는 꺼낸 구슬을 다시 상자에 넣은 후 상자를 바꾸어 유승이는 ㉯ 상자의 구슬을 9개씩 한솔이는 ㉮ 상자의 구슬을 4개씩 모두 꺼낼 때 유승이와 한솔이가 꺼낸 횟수의 합은 얼마입니까?

교과서 기본 과정

01 다음 중 나머지가 5가 될 수 <u>없는</u> 나눗셈은 어느 것입니까?

① $\square \div 9$ ② $\square \div 7$ ③ $\square \div 8$

④ $\square \div 5$ ⑤ $\square \div 6$

02 ㉮에 알맞은 수는 얼마입니까?

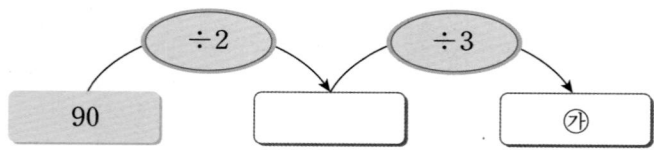

03 다음 나눗셈 중 나머지가 <u>다른</u> 하나는 어느 것입니까?

① $77 \div 8$ ② $59 \div 6$ ③ $88 \div 9$

④ $50 \div 9$ ⑤ $61 \div 7$

04 나눗셈의 몫이 셋째로 큰 것은 어느 것입니까?

① $96 \div 6$　　② $56 \div 4$　　③ $99 \div 9$
④ $75 \div 5$　　⑤ $34 \div 2$

05 □ 안에 알맞은 수를 찾아 합을 구하면 얼마입니까?

㉠ □ $\div 9 = 11 \cdots 5$
㉡ $49 \div$ □ $= 8 \cdots 1$

06 철사를 9 cm씩 잘랐더니 12도막이 되고, 4 cm가 남았습니다. 같은 길이의 철사를 7 cm씩 자르면 몇 도막이 됩니까?

07 다음과 같은 직사각형 모양의 테이프를 똑같은 길이로 잘라 7개를 만들고 보니 4 cm가 남았습니다. 자른 테이프 한 개의 길이는 몇 cm입니까?

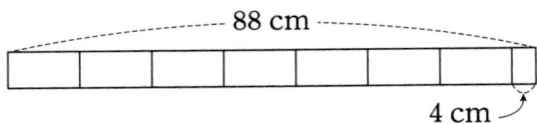

88 cm

4 cm

08 □ 안에 알맞은 숫자를 찾아 합을 구하면 얼마입니까?

$$6 \overline{)\begin{array}{c} \square\square \\ \square\square \\ 6 \\ \hline 2\square \\ \square 4 \\ \hline 3 \end{array}}$$

09 색종이가 79장 있습니다. 7사람에게 남는 색종이가 없이 똑같게 나누어 주려면 적어도 몇 장이 더 있어야 합니까?

10 동민이가 하루에 14쪽씩 일주일 동안 읽은 책을 예슬이는 2일 동안 모두 읽었습니다. 예슬이는 매일 같은 쪽수씩 책을 읽었다면, 예슬이가 하루에 읽은 책은 몇 쪽입니까?

11 색종이 44㉠장을 남는 것 없이 7개의 모둠에게 똑같이 나누어 주려고 합니다. ㉠이 될 수 있는 숫자들의 합을 구하시오.

12 식이 성립하도록 ○ 안에 ＋, －, ×, ÷를 알맞게 써넣으려고 합니다. 알맞은 것은 어느 것입니까?

$$81 \bigcirc 3 \bigcirc 4 = 108$$

① ＋, －   ② ＋, ×   ③ ×, －
④ ÷, ×   ⑤ ÷, ＋

13 다음 4장의 숫자 카드를 한 번씩만 사용하여 만든 두 자리 수 중 3으로 나누었을 때 가장 큰 몫과 가장 작은 몫의 차는 얼마입니까?

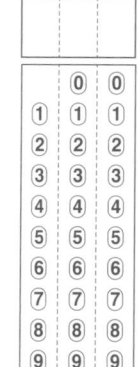

14 사과를 8개씩 13상자에 담으려면 2개가 부족합니다. 이 사과를 한 상자에 6개씩 담으면 모두 몇 상자가 됩니까?

15 석기네 학교 3학년 학생 66명은 체육 시간에 짝짓기놀이를 하였습니다. 7명씩 짝짓기를 하고 남은 사람을 뺀 다음, 다시 4명씩 짝짓기를 하고 남은 사람을 뺐습니다. 빠진 사람은 모두 몇 명입니까?

16 다음과 같은 도화지로 가로 7 cm, 세로 5 cm인 직사각형 모양의 카드를 만들려고 합니다. 카드는 최대한 몇 장 만들 수 있습니까?

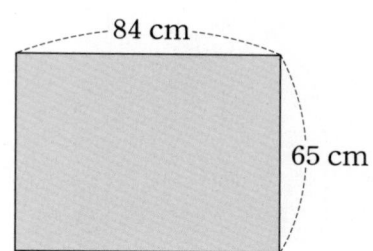

84 cm

65 cm

17 □ 안에 들어갈 수 있는 자연수는 모두 몇 개입니까?

$$119 \div 7 < \boxed{} < 261 \div 9$$

18 어떤 수를 4로 나누면 나머지가 3입니다. 어떤 수를 2로 나누면 나머지는 얼마입니까?

19 어떤 수를 7로 나누어야 할 것을 잘못하여 9로 나누었더니 몫이 9가 되고, 나머지가 7이 되었습니다. 바르게 계산했을 때 몫과 나머지의 합은 얼마입니까?

20 한 상자에 44개씩 들어 있는 귤 상자가 18상자 있습니다. 한 사람에게 귤을 8개씩 똑같게 나누어 준다면, 모두 몇 사람에게 나누어 줄 수 있습니까?

교과서 심화 과정

21 한 봉지에 8장씩 들어 있는 색종이 12봉지를 학생들에게 똑같게 나누어 주었습니다. 처음에 5장씩 나누어 주었더니 몇 장이 남아서 1장씩 더 나누어 주었더니 남는 색종이가 없었습니다. 색종이를 받은 학생은 모두 몇 명입니까?

22 다음 나눗셈이 나누어떨어질 때, 0부터 9까지의 숫자 중에서 □ 안에 들어갈 수 있는 숫자를 모두 찾아 합을 구하면 얼마입니까?

$$9\boxed{} \div 7$$

23 길이가 127 cm인 테이프 7개를 겹쳐지는 부분의 길이를 같게 하여 이어 붙였더니 이은 테이프의 전체 길이가 811 cm가 되었습니다. 겹쳐지는 부분 한 곳의 길이는 몇 cm입니까?

24 다음 조건을 모두 만족하는 두 수 중 큰 수를 작은 수로 나누었을 때의 몫은 얼마입니까?

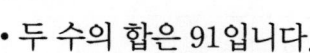

- 두 수의 합은 91입니다.
- 두 수의 차는 77입니다.

25 다음 4장의 숫자 카드를 한 번씩만 사용하여 만든 두 자리 수 중에서 4로 나누어떨어지는 수는 몇 개입니까?

창의 사고력 도전 문제

26 차가 34인 두 수가 있습니다. 큰 수를 작은 수로 나누면 몫이 5이고, 나머지는 몫보다 1이 더 큰 수입니다. 이 두 수의 합을 구하시오.

27 다음 나눗셈에서 ㉠과 ㉡에 알맞은 숫자를 찾아 합을 구하면 얼마입니까?

$$6㉠7 \div 8 = 7㉡ \cdots 3$$

28 (세 자리 수)÷(한 자리 수)의 나눗셈에서 ㉮가 될 수 있는 수 중 가장 큰 수는 얼마입니까?

$$㉮ \div ㉯ = 86 \cdots ★$$

29 서로 다른 세 수 ㉠, ㉡, ㉢에 대한 계산이 다음과 같이 이루어질 때 ㉠−㉡−㉢의 값은 얼마입니까?

$$㉠ \div ㉡ \times ㉢ = 28$$
$$㉠ \div ㉡ - ㉢ = 3$$
$$㉠ + ㉡ = 48$$

30 다음에서 ㉰가 될 수 있는 수는 모두 몇 개입니까?

- ㉮와 ㉯는 모두 10보다 크고 30보다 작은 자연수입니다.
- ㉮<㉯이고 ㉮+㉯=㉰입니다.
- ㉰는 4로 나누어떨어집니다.

교과서 기본 과정

01 한 원에서 원의 지름은 몇 개 그릴 수 있습니까?

① 1개   ② 3개   ③ 5개
④ 7개   ⑤ 무수히 많습니다.

02 크기가 같은 두 원의 기호를 바르게 쓴 것은 어느 것입니까?

> ㉠ 지름이 8 cm인 원   ㉡ 반지름이 6 cm인 원
> ㉢ 지름이 16 cm인 원   ㉣ 지름이 12 cm인 원

① ㉠, ㉡   ② ㉠, ㉢   ③ ㉡, ㉢
④ ㉡, ㉣   ⑤ ㉢, ㉣

03 오른쪽 그림과 같은 모양을 컴퍼스를 사용하여 그릴 때, 원의 중심은 모두 몇 개입니까?

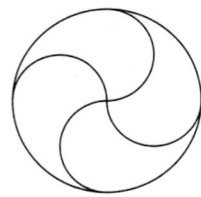

04 오른쪽 그림에서 점 ㄱ과 점 ㄴ은 원의 중심입니다. 선분 ㄱㄴ의 길이는 몇 cm입니까?

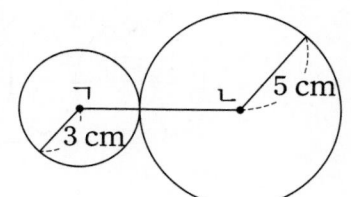

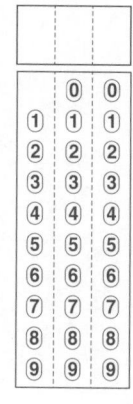

05 오른쪽 그림에서 점 ㄱ과 점 ㄴ은 원의 중심입니다. 가장 큰 원의 반지름은 몇 cm입니까?

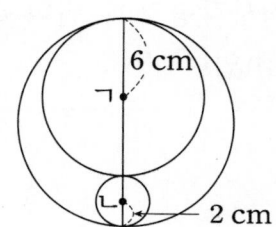

06 직사각형 안에 반지름이 9 cm인 원 2개를 겹치지 않게 이어 붙여 그렸습니다. ㉠+㉡은 얼마입니까?

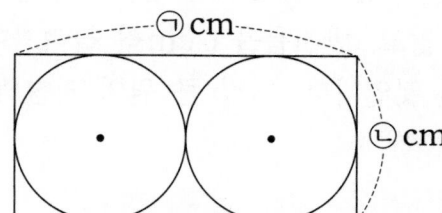

07 다음은 크기가 같은 원 6개를 서로 중심이 지나도록 겹쳐서 그린 것입니다. 선분 ㄱㄴ의 길이는 몇 cm입니까?

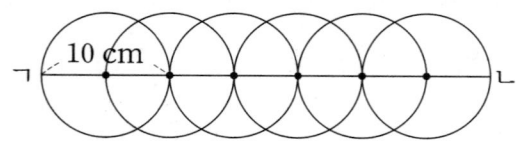

08 그림과 같이 직사각형 안에 크기가 같은 원 4개를 이어 붙여서 그렸습니다. 직사각형의 네 변의 길이의 합이 50 cm일 때, 원의 지름의 길이는 몇 cm입니까?

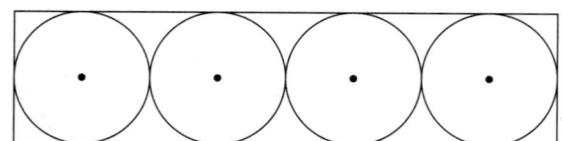

09 오른쪽은 지름이 12 cm인 원에서 출발하여 중심을 옮기지 않고, 반지름을 6 cm씩 늘려가며 4개의 원을 그린 것입니다. 가장 큰 원의 지름의 길이는 몇 cm입니까?

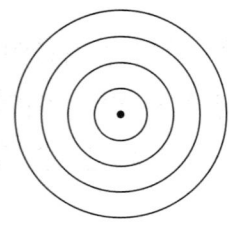

10 오른쪽 그림과 같이 반지름이 12 cm인 큰 원 안에 크기가 같은 세 개의 원을 그렸습니다. 작은 원의 지름의 길이는 몇 cm입니까?

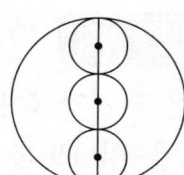

	⓪	⓪
①	①	①
②	②	②
③	③	③
④	④	④
⑤	⑤	⑤
⑥	⑥	⑥
⑦	⑦	⑦
⑧	⑧	⑧
⑨	⑨	⑨

11 오른쪽 그림에서 점 ㄴ과 점 ㄹ은 원의 중심입니다. 사각형 ㄱㄴㄷㄹ의 네 변의 길이의 합은 몇 cm입니까?

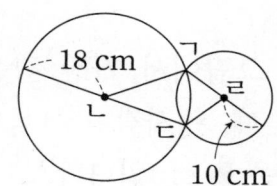

	⓪	⓪
①	①	①
②	②	②
③	③	③
④	④	④
⑤	⑤	⑤
⑥	⑥	⑥
⑦	⑦	⑦
⑧	⑧	⑧
⑨	⑨	⑨

12 오른쪽 그림과 같이 크기가 같은 원 3개의 중심을 이어 세 변의 길이가 같은 삼각형을 만들었습니다. 삼각형 ㄱㄴㄷ의 세 변의 길이의 합이 27 cm일 때, 원의 지름의 길이는 몇 cm입니까?

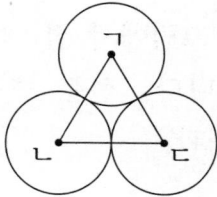

	⓪	⓪
①	①	①
②	②	②
③	③	③
④	④	④
⑤	⑤	⑤
⑥	⑥	⑥
⑦	⑦	⑦
⑧	⑧	⑧
⑨	⑨	⑨

13 오른쪽은 크기가 같은 두 원이 서로 다른 원의 중심을 지나도록 겹쳐서 그린 것입니다. 사각형 ㄱㄴㄷㄹ의 네 변의 길이의 합이 36 cm일 때, 선분 ㄴㄹ의 길이는 몇 cm입니까?

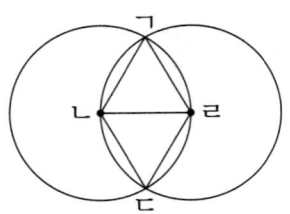

14 오른쪽 그림에서 가장 작은 원의 반지름이 4 cm일 때, 정사각형 ㄱㄴㄷㄹ의 네 변의 길이의 합은 몇 cm입니까?

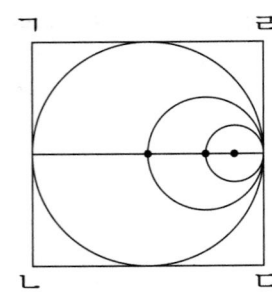

15 오른쪽 그림에서 점 ㄱ과 점 ㄴ은 원의 중심입니다. 선분 ㄱㄴ의 길이는 몇 cm입니까?

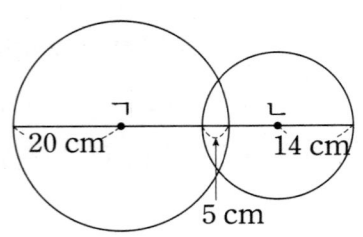

16 오른쪽 그림에서 점 ㄱ은 원의 중심입니다. 삼각형 ㄱㄴㄷ의 세 변의 길이의 합이 31 cm이면, 원의 지름의 길이는 몇 cm입니까?

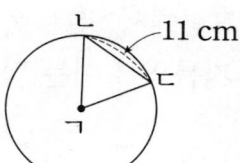

17 세 변의 길이가 각각 16 cm인 삼각형을 만들 수 있는 철사를 모두 사용하여 한 개의 정사각형을 만들려고 합니다. 이 정사각형 안에 가장 큰 원을 그린다면 이 원의 반지름은 몇 cm입니까?

18 그림과 같이 직사각형 안에 작은 원 2개, 큰 원 2개를 이어 붙여서 그렸습니다. 선분 ㄱㄹ의 길이는 몇 cm입니까?

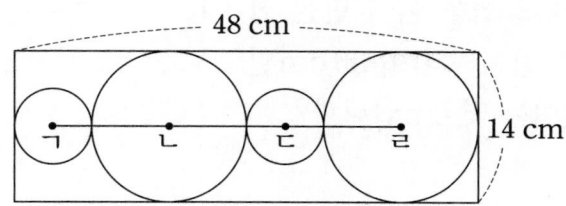

19 오른쪽 그림에서 굵은 선의 길이는 200 cm입니다. 한 원의 지름의 길이는 몇 cm입니까?

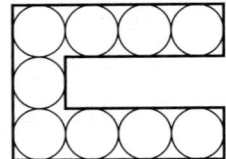

⓪	⓪	
①	①	①
②	②	②
③	③	③
④	④	④
⑤	⑤	⑤
⑥	⑥	⑥
⑦	⑦	⑦
⑧	⑧	⑧
⑨	⑨	⑨

20 네 점 ㄱ, ㄴ, ㄷ, ㄹ을 각각 원의 중심으로 하고 반지름의 길이가 서로 다른 원을 겹쳐서 오른쪽과 같은 그림을 그렸습니다. 사각형 ㄱㄴㄷㄹ의 네 변의 길이의 합은 몇 cm입니까?

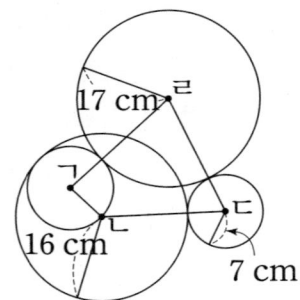

	⓪	⓪
①	①	①
②	②	②
③	③	③
④	④	④
⑤	⑤	⑤
⑥	⑥	⑥
⑦	⑦	⑦
⑧	⑧	⑧
⑨	⑨	⑨

교과서 심화 과정

21 오른쪽 그림에서 원 ⓷와 원 ⓸는 크기가 같은 원이고, 원 ⓺의 반지름은 원 ⓷의 반지름의 2배입니다. 세 원의 중심을 이어 만든 삼각형 ㄱㄴㄷ의 세 변의 길이의 합이 56 cm일 때, 원 ⓺의 지름의 길이는 몇 cm입니까?

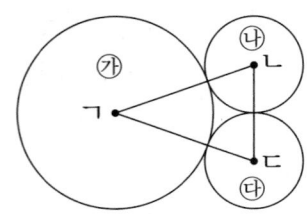

	⓪	⓪
①	①	①
②	②	②
③	③	③
④	④	④
⑤	⑤	⑤
⑥	⑥	⑥
⑦	⑦	⑦
⑧	⑧	⑧
⑨	⑨	⑨

22 그림과 같이 직사각형 안에 각각 크기가 같은 작은 원 4개, 큰 원 6개를 그렸습니다. 직사각형 ㄱㄴㄷㄹ의 네 변의 길이의 합이 48 cm이면, 작은 원의 반지름은 몇 cm입니까?

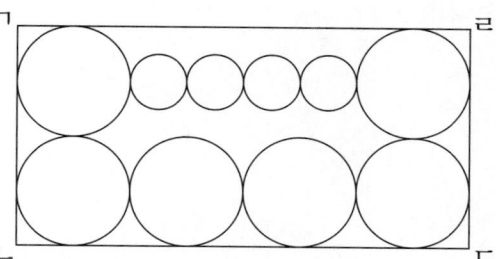

23 그림에서 점 ㄱ과 점 ㄴ은 원의 중심입니다. 삼각형 ㄱㄴㄷ의 세 변의 길이의 합은 몇 cm입니까?

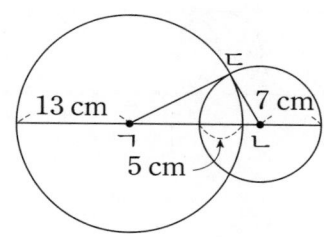

24 반지름이 4 cm인 원을 서로 중심이 지나도록 겹쳐서 그린 것입니다. 원은 모두 몇 개입니까?

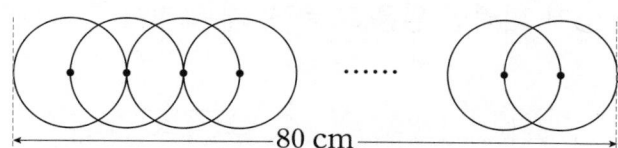

25 오른쪽 그림과 같이 반지름이 8 cm인 원통 3개를 끈으로 묶을 때 필요한 끈의 길이는 몇 cm입니까? (단, 원의 둘레는 지름의 길이의 3배이며, 매듭이 들어간 끈은 생각하지 않습니다.)

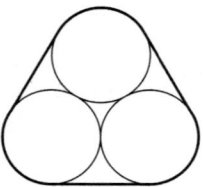

	⓪	⓪
①	①	①
②	②	②
③	③	③
④	④	④
⑤	⑤	⑤
⑥	⑥	⑥
⑦	⑦	⑦
⑧	⑧	⑧
⑨	⑨	⑨

창의 사고력 도전 문제

26 직사각형 안에 반지름이 3 cm인 원 25개를 그림과 같은 규칙으로 늘어놓았더니 맞닿았습니다. 직사각형의 가로는 몇 cm입니까?

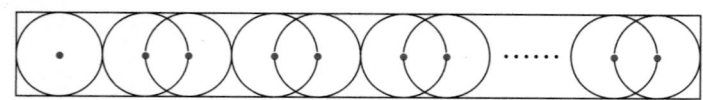

	⓪	⓪
①	①	①
②	②	②
③	③	③
④	④	④
⑤	⑤	⑤
⑥	⑥	⑥
⑦	⑦	⑦
⑧	⑧	⑧
⑨	⑨	⑨

27 반지름이 4 cm인 원을 그림과 같이 그려서 바깥쪽에 있는 원의 중심을 서로 이어 삼각형을 만들어 나가고 있습니다. 만든 삼각형의 세 변의 길이의 합이 288 cm가 되려면 원은 모두 몇 개 그려야 합니까?

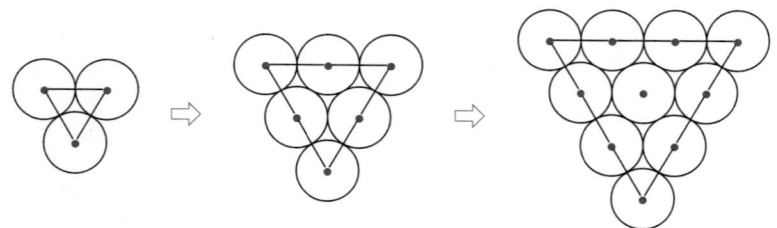

	⓪	⓪
①	①	①
②	②	②
③	③	③
④	④	④
⑤	⑤	⑤
⑥	⑥	⑥
⑦	⑦	⑦
⑧	⑧	⑧
⑨	⑨	⑨

28 오른쪽 그림은 가로가 15 cm, 세로가 12 cm인 직사각형의 꼭짓점 ㄱ, ㄴ, ㄷ, ㄹ을 원의 중심으로 하여 원의 일부를 그린 것입니다. 선분 ㄷㅅ의 길이는 몇 cm입니까?

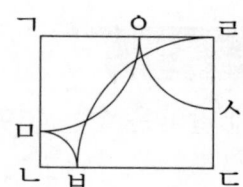

29 다음 그림과 같이 바깥쪽의 지름이 18 cm이고 안쪽의 지름이 16 cm인 큰 고리와, 바깥쪽의 지름이 14 cm이고 안쪽의 지름이 12 cm인 작은 고리를 규칙적으로 이어 목걸이를 만들었습니다. 고리를 24개 사용하면 목걸이의 길이는 최대 몇 cm입니까?

30 오른쪽 그림은 선분 ㄱㄴ과 선분 ㄱㄷ의 길이가 같고 둘레가 40 cm인 삼각형 ㄱㄴㄷ의 각 꼭짓점을 원의 중심으로 하여 원의 일부를 그린 것입니다. 이때 선분 ㄴㅁ의 길이는 몇 cm입니까?

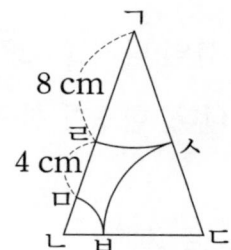

교과서 기본 과정

01 □ 안에 알맞은 수는 얼마입니까?

15의 $\dfrac{2}{5}$는 □입니다.

02 ㉠과 ㉡에 알맞은 수의 차를 구하시오.

- 20은 24의 $\dfrac{㉠}{6}$입니다.
- 18은 42의 $\dfrac{3}{㉡}$입니다.

03 한초는 붙임 딱지를 32장 가지고 있습니다. 그중에서 $\dfrac{1}{8}$을 친구에게 주었습니다. 한초가 친구에게 준 붙임 딱지는 몇 장입니까?

04 영수는 구슬을 27개 가지고 있습니다. 그중에서 $\frac{2}{9}$를 예슬이에게 주었습니다. 영수에게 남은 구슬은 몇 개입니까?

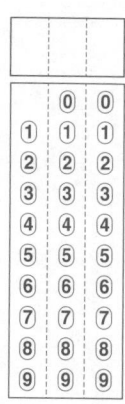

05 용희는 동화책을 49권 가지고 있습니다. 상연이는 용희가 가지고 있는 동화책의 $\frac{5}{7}$보다 4권 더 가지고 있다면, 상연이가 가지고 있는 동화책은 몇 권입니까?

06 다음과 같은 직사각형에서 세로의 길이는 가로의 길이의 $\frac{2}{6}$입니다. 직사각형의 네 변의 길이의 합은 몇 cm입니까?

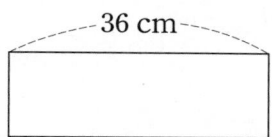

36 cm

07 자연수 부분이 4이고, 분모가 6인 대분수는 모두 몇 개입니까?

08 $3\dfrac{2}{5}$ 를 가분수로 바르게 나타낸 것은 어느 것입니까?

① $3\dfrac{2}{5} = \dfrac{3 \times 2}{5} = \dfrac{6}{5}$

② $3\dfrac{2}{5} = \dfrac{3 \times 5}{5} = \dfrac{15}{5}$

③ $3\dfrac{2}{5} = \dfrac{3 \times 2 + 2}{5} = \dfrac{8}{5}$

④ $3\dfrac{2}{5} = \dfrac{3 \times 5 + 2}{5} = \dfrac{17}{5}$

⑤ $3\dfrac{2}{5} = \dfrac{3 \times 2 + 5}{5} = \dfrac{11}{5}$

09 오른쪽 분수가 가분수라고 할 때, 1부터 20까지의 수 중에서 □ 안에 들어갈 수 있는 수는 모두 몇 개 입니까?

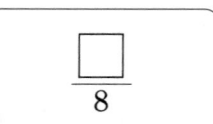

$\dfrac{\square}{8}$

10 분수의 크기를 바르게 비교한 것은 어느 것입니까?

① $\dfrac{7}{6} > \dfrac{8}{6}$ ② $3\dfrac{1}{5} > 3\dfrac{3}{5}$ ③ $\dfrac{19}{7} > 2\dfrac{4}{7}$

④ $\dfrac{29}{9} > \dfrac{30}{9}$ ⑤ $7\dfrac{4}{8} > \dfrac{60}{8}$

11 석기는 3200원을 가지고 있습니다. 가진 돈의 $\dfrac{7}{8}$ 을 사용하면 남은 돈은 얼마입니까?

12 어떤 수의 $\dfrac{1}{6}$ 은 15입니다. 어떤 수의 $\dfrac{4}{9}$ 는 얼마입니까?

교과서 응용 과정

13 아버지의 연세는 45세이고, 어머니의 연세는 아버지 연세의 $\frac{8}{9}$ 입니다. 동민이의 나이는 어머니 연세의 $\frac{2}{8}$ 라면 동민이의 나이는 몇 살입니까?

14 한솔이는 구슬을 60개 가지고 있습니다. 그중에서 빨간색 구슬은 $\frac{1}{6}$ 이고, 파란색 구슬은 $\frac{3}{4}$ 입니다. 나머지가 모두 노란색 구슬일 때, 노란색 구슬은 몇 개입니까?

15 민지는 숫자 카드 5, 2, 7, 1 중에서 3장을 골라 가장 작은 대분수를 만들었습니다. 민지가 만든 대분수를 가분수로 나타내면 $\frac{\bigcirc}{\bigcirc}$ 입니다. 이때 ㉠−㉡의 값은 얼마입니까?

16 다음 조건을 만족하는 자연수 가, 나로 만들 수 있는 가분수 $\dfrac{가}{나}$ 중에서 가장 큰 수를 대분수로 나타내면 $㉠\dfrac{㉢}{㉡}$입니다. 이때 $㉠+㉡+㉢$의 값은 얼마입니까?

$$6 < 가 < 15 \qquad 4 < 나 < 10$$

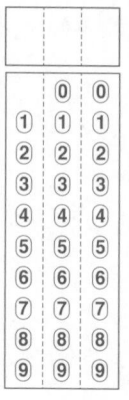

17 다음에서 셋째로 큰 분수는 어느 것입니까?

$$\frac{3}{4},\ \frac{2}{7},\ \frac{2}{5},\ \frac{1}{7},\ \frac{2}{4}$$

① $\dfrac{3}{4}$ ② $\dfrac{2}{7}$ ③ $\dfrac{2}{5}$ ④ $\dfrac{1}{7}$ ⑤ $\dfrac{2}{4}$

18 다음과 같이 규칙적으로 수를 늘어놓으면 30번째 수는 $\dfrac{▲}{■}$입니다. 이때 $■+▲$의 값은 얼마입니까?

$$\frac{1}{2},\ 1,\ \frac{1}{3},\ \frac{2}{3},\ 1,\ \frac{1}{4},\ \frac{2}{4},\ \frac{3}{4},\ 1,\ \cdots$$

19 자연수 가와 나가 다음과 같을 때, 가분수 $\dfrac{가}{나}$ 에서 분자는 얼마입니까?

$$가 + 나 = 42 \qquad 나 \times 5 = 가$$

20 다음 조건을 모두 만족하는 분수는 몇 개입니까?

- 분모가 7인 가분수입니다.
- 5보다 크고 7보다 작은 분수입니다.
- 대분수로 나타내면 분자가 3보다 큽니다.

교과서 심화 과정

21 ♥가 될 수 있는 수를 모두 찾아 합을 구하면 얼마입니까?

$$\blacklozenge\dfrac{5}{9} = \dfrac{\heartsuit}{9} \qquad 4 < \blacklozenge < 10$$

22 다음 조건에 알맞은 ㉮와 ㉯를 찾아 ㉮와 ㉯의 차를 구하면 얼마입니까?

> ㉮의 $\frac{2}{3}$는 90이고 ㉯의 $\frac{5}{6}$도 90입니다.

23 지우는 3일 동안 줄넘기를 했습니다. 첫째 날은 243번을 넘었고, 둘째 날은 첫째 날 넘은 수의 $\frac{2}{3}$보다 8번을 더 넘었습니다. 마지막 날은 둘째 날 넘은 수의 $\frac{4}{5}$보다 26번을 더 넘었습니다. 지우는 3일 동안 줄넘기를 몇 번 넘었습니까?

24 1부터 9까지의 숫자 카드가 여러 장씩 있습니다. 숫자 카드를 □ 안에 한 장씩 넣어 분모가 6인 대분수를 만들 때, 만들 수 있는 대분수는 모두 몇 개입니까?

> $3\frac{3}{6} < \boxed{}\frac{\boxed{}}{6} < 7\frac{5}{6}$

25 분모가 8인 어떤 가분수의 분자를 9로 나누면 몫이 7이고 나머지는 6입니다. 이 가분수를 대분수로 나타내면 $\bigcirc \dfrac{\boxdot}{\boxdot}$ 이라고 할 때 $\bigcirc + \boxdot + \boxdot$의 값은 얼마입니까?

창의 사고력 도전 문제

26 다음은 진분수입니다. ★이 될 수 있는 모든 수들의 합은 얼마입니까?

$$\frac{★}{24} \qquad \frac{9}{★} \qquad \frac{★}{15}$$

27 다음 조건에서 ㉮에 알맞은 수를 모두 찾아 합을 구하면 얼마입니까?

$$\frac{34}{★} = ● \frac{4}{★} \qquad ● + ★ = ㉮$$

28 다음과 같은 규칙으로 분수를 늘어놓을 때, 99번째에 놓이는 분수의 분모와 분자의 합은 얼마입니까?

$$\frac{3}{4},\ 1\frac{1}{4},\ \frac{7}{4},\ 2\frac{1}{4},\ \frac{11}{4},\ 3\frac{1}{4},\ \cdots$$

29 자연수 ㉮와 ㉯가 다음 조건을 만족할 때, $\frac{㉯}{㉮}$ 를 대분수로 나타낼 수 있는 경우는 모두 몇 가지입니까?

조건
$$3<㉮<8 \qquad 6<㉯<12$$

30 다음과 같은 규칙으로 분수를 늘어놓았습니다. 97번째에 놓일 분수가 $㉠\frac{㉢}{㉡}$일 때, ㉠+㉡+㉢의 값을 구하시오.

$$\frac{1}{5},\ \frac{2}{5},\ \frac{3}{5},\ \frac{4}{5},\ 1\frac{1}{5},\ 1\frac{2}{5},\ 1\frac{3}{5},\ 1\frac{4}{5},\ 2\frac{1}{5},\ \cdots$$

01 의자가 한 줄에 45개씩 15줄 놓여 있습니다. 의자는 모두 몇 개입니까?

02 다음 중 계산 결과가 가장 큰 것은 어느 것입니까?

① 125×4 ② 320×3 ③ 118×3

④ 222×3 ⑤ 323×2

03 효근이는 매일 줄넘기를 120번씩 합니다. 1주일 동안에는 줄넘기를 모두 몇 번 하겠습니까?

04 어떤 수를 8로 나누었을 때 나머지가 될 수 <u>없는</u> 수는 어느 것입니까?

① 7   ② 3   ③ 1
④ 8   ⑤ 2

05 다음에서 ㉠과 ㉡의 합은 ㉢의 몇 배입니까?

$$㉠=88÷4 \qquad ㉡=55÷5 \qquad ㉢=33÷3$$

06 92개의 사과를 크기가 같은 상자 4개에 똑같게 나누어 담으려고 합니다. 상자 한 개에 사과를 몇 개씩 담으면 됩니까?

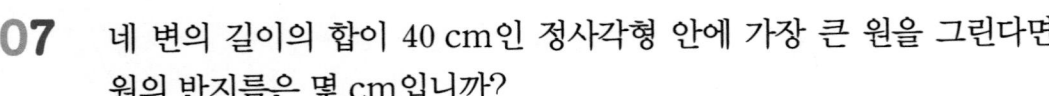

07 네 변의 길이의 합이 40 cm인 정사각형 안에 가장 큰 원을 그린다면 원의 반지름은 몇 cm입니까?

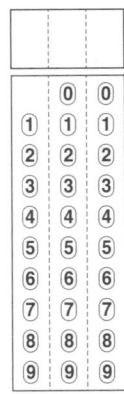

08 오른쪽 그림은 큰 원 안에 크기가 같은 3개의 원을 그린 것입니다. 큰 원의 지름의 길이는 몇 cm입니까?

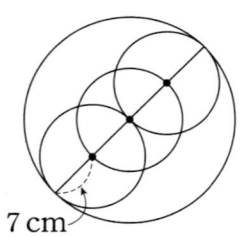

7 cm

09 오른쪽 그림에서 점 ㄱ과 점 ㄴ은 원의 중심입니다. 가장 큰 원의 반지름은 몇 cm입니까?

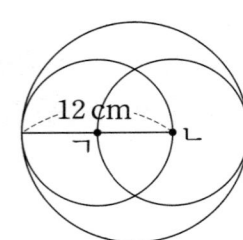

12 cm

10 다음 그림에서 색칠한 부분을 분수로 나타낼 때 □ 안에 알맞은 수는 무엇입니까?

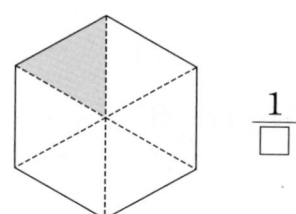 $\dfrac{1}{\square}$

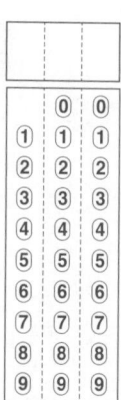

11 다음 중 옳지 <u>않은</u> 것은 어느 것입니까?

① 분자가 분모보다 작은 분수를 진분수라고 합니다.

② 두 분수 $\dfrac{5}{3}$ 와 $1\dfrac{1}{3}$ 의 크기를 비교하면 $\dfrac{5}{3} > 1\dfrac{1}{3}$ 입니다.

③ $2\dfrac{1}{4}$ 과 같이 자연수와 진분수로 이루어진 분수를 대분수라고 합니다.

④ $\dfrac{2}{3}$, $\dfrac{4}{4}$, $\dfrac{6}{5}$, $\dfrac{7}{7}$ 중에서 1과 크기가 같은 분수의 개수는 3개입니다.

⑤ 6은 21의 $\dfrac{2}{7}$ 입니다.

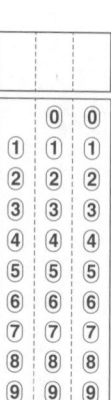

12 35의 $\dfrac{4}{7}$ 를 ㉮, 36의 $\dfrac{5}{6}$ 를 ㉯라고 할 때, ㉮와 ㉯의 차는 얼마입니까?

KMA 실전 모의고사 ❶회

교과서 응용 과정

13 다음 수 중 두 수를 뽑아 곱이 가장 작게 되는 곱셈식을 만들어 계산을 하면 얼마입니까?

23 54 17 46

14 오른쪽과 같은 곱셈식에서 ㉠은 모두 같은 숫자를 나타냅니다. ㉠에 알맞은 숫자는 무엇입니까?

$$\begin{array}{r} ㉠\ ㉠\ ㉠ \\ \times \qquad ㉠ \\ \hline 8\ 9\ 9\ 1 \end{array}$$

15 □ 안에 알맞은 수는 얼마입니까?

$$(34 \times 52) - (\boxed{} \times 5) = 1673$$

16 다음 4장의 숫자 카드를 한 번씩만 사용하여 만든 두 자리 수 중에서 5로 나누어떨어지는 수는 모두 몇 개입니까?

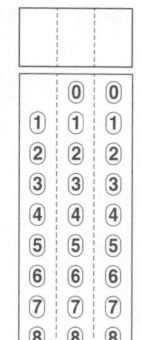

17 직사각형 ㄱㄴㄷㄹ의 네 변의 길이의 합은 몇 cm입니까?

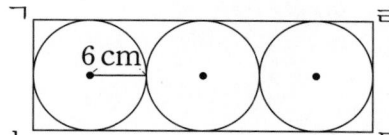

18 오른쪽 그림은 반지름이 4 cm인 크기가 같은 원 6개를 맞닿게 그린 것입니다. 삼각형 ㄱㄴㄷ의 세 변의 길이의 합은 몇 cm입니까?

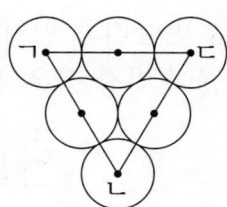

19 한솔이는 3600원을 가지고 있습니다. 가진 돈의 $\frac{7}{9}$을 쓰면 남는 돈은 얼마입니까?

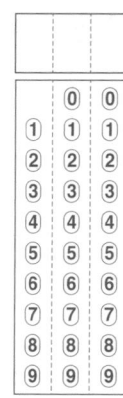

20 어떤 수의 $\frac{1}{8}$은 12입니다. 어떤 수의 $\frac{5}{6}$는 얼마입니까?

교과서 심화 과정

21 주어진 숫자 카드를 한 번씩만 사용하여 (두 자리 수)×(두 자리 수)의 곱셈식을 만들려고 합니다. 만들 수 있는 곱셈식 중에서 곱이 가장 큰 경우와 곱이 가장 작은 경우의 곱의 차는 얼마입니까?

① 5901 ② 5841 ③ 5781
④ 5601 ⑤ 5501

22 (세 자리 수)÷(한 자리 수)의 나눗셈에서 ㉮가 될 수 있는 수 중 가장 큰 수는 얼마입니까?

$$㉮ ÷ ㉯ = 75 \cdots ★$$

23 가로가 16 cm이고, 세로가 64 cm인 직사각형 안에 반지름의 길이가 1 cm 6 mm인 원을 오른쪽과 같이 겹치지지 않게 그리려고 합니다. 직사각형 안에 원을 모두 몇 개 그릴 수 있습니까?

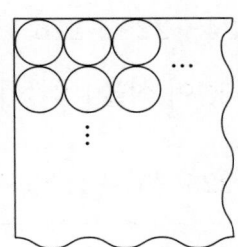

24 오른쪽과 같이 간격이 일정한 점판 위에 도형을 그렸습니다. 가장 큰 삼각형에 대한 색칠한 부분을 분수로 나타내면 $\dfrac{2}{\square}$입니다. □ 안에 알맞은 수는 얼마입니까?

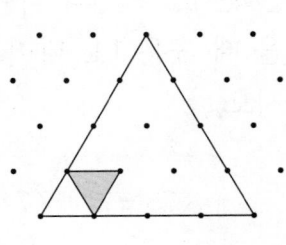

25 다음은 (두 자리 수)÷(한 자리 수)의 나눗셈식입니다. 나머지가 2가 될 수 있는 식은 모두 몇 개입니까?

$$1\square \div 2 \quad \square 7 \div 8 \quad 4\square \div 4 \quad 3\square \div 7$$
$$\square 9 \div 9 \quad \square 3 \div 5 \quad 2\square \div 1 \quad \square 3 \div 6$$

	⓪	⓪
①	①	①
②	②	②
③	③	③
④	④	④
⑤	⑤	⑤
⑥	⑥	⑥
⑦	⑦	⑦
⑧	⑧	⑧
⑨	⑨	⑨

창의 사고력 도전 문제

26 $230+224+225+226+225+220$을 다음과 같은 방법으로 계산하려고 합니다. 이 식을 ㉮×㉯로 나타낼 때, ㉮+㉯는 얼마입니까?

$$(225+5)+(225-1)+225+(225+1)+225+(225-5)$$

	⓪	⓪
①	①	①
②	②	②
③	③	③
④	④	④
⑤	⑤	⑤
⑥	⑥	⑥
⑦	⑦	⑦
⑧	⑧	⑧
⑨	⑨	⑨

27 ⟨△÷□⟩는 △÷□의 나머지를 나타냅니다. 예를 들어 43을 3으로 나누었을 때 몫은 14, 나머지는 1이므로 ⟨43÷3⟩은 1입니다. 다음을 계산하시오.

$$\langle 73 \div 7 \rangle + \langle 74 \div 7 \rangle + \langle 75 \div 7 \rangle +$$
$$\cdots + \langle 99 \div 7 \rangle + \langle 100 \div 7 \rangle$$

	⓪	⓪
①	①	①
②	②	②
③	③	③
④	④	④
⑤	⑤	⑤
⑥	⑥	⑥
⑦	⑦	⑦
⑧	⑧	⑧
⑨	⑨	⑨

28 오른쪽 그림과 같이 직사각형 안에 3가지 크기의 원을 각각 5개, 4개, 3개 그렸습니다. 가장 작은 원의 지름이 24 cm일 때 원의 중심을 이어 그은 굵은 선의 길이의 합은 몇 cm입니까?

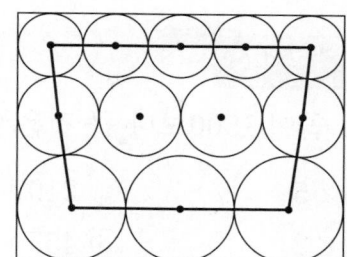

29 어느 학교의 3학년 학생들에게 가장 좋아하는 과목을 한 과목만 선택하도록 하였습니다. 국어를 좋아하는 학생은 전체의 $\frac{1}{5}$이고, 국어를 좋아하는 학생을 뺀 나머지의 $\frac{3}{8}$은 수학을 좋아하였고, 국어와 수학을 좋아하는 학생을 뺀 나머지의 $\frac{3}{5}$은 체육을 좋아하였습니다. 국어, 수학, 체육을 좋아하는 학생을 뺀 나머지 학생 수가 40명일 때, 수학을 좋아하는 학생 수는 몇 명입니까?

30 가로가 13 cm, 세로가 10 cm인 직사각형의 네 꼭짓점을 중심으로 원의 일부를 그린 것입니다. 선분 ㄹㅇ의 길이는 몇 cm입니까?

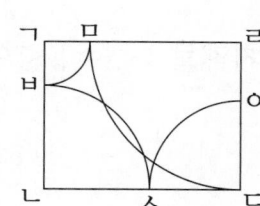

 교과서 기본 과정

01 다음 중 곱이 1500보다 큰 것은 어느 것입니까?

① 218×5 ② 219×7 ③ 126×9

④ 725×2 ⑤ 455×3

02 다음은 정사각형 두 개를 겹치지 않게 붙여서 그린 것입니다. 굵은 선의 길이는 몇 cm입니까?

163 cm

03 ○ 안에 차례로 >, =, <이 알맞은 것은 어느 것입니까?

- 523×4 ◯ 328×7
- 63×20 ◯ 42×40

① >, =   ② =, <   ③ >, <

④ <, >   ⑤ <, <

04 몫이 가장 큰 나눗셈은 어느 것입니까?

① $24 \div 2$ ② $33 \div 3$ ③ $52 \div 4$

④ $70 \div 5$ ⑤ $80 \div 8$

05 □ 안에 알맞은 숫자를 찾아 합을 구하면 얼마입니까?

$$
\begin{array}{r}
\square\,4 \\
6\,\overline{)\,8\,\square} \\
6 \\
\hline
\square\,\square \\
\square\,\square \\
\hline
2
\end{array}
$$

06 매일 성벽을 쌓는 데 5일 동안 일을 하고 6일째 되는 날 하루 쉬기로 하였습니다. 시작한 날부터 89일 동안에는 쉬는 날이 몇 번 있습니까?

07 오른쪽 그림에서 큰 원의 지름의 길이는 몇 cm입니까?

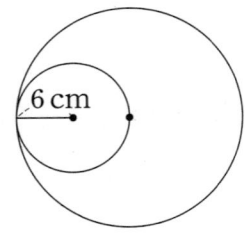

	⓪	⓪
①	①	①
②	②	②
③	③	③
④	④	④
⑤	⑤	⑤
⑥	⑥	⑥
⑦	⑦	⑦
⑧	⑧	⑧
⑨	⑨	⑨

08 오른쪽 그림과 같은 모양을 컴퍼스를 사용하여 그릴 때, 원의 중심은 모두 몇 개입니까?

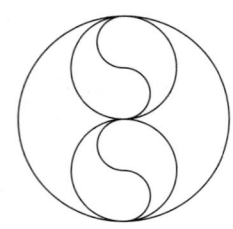

	⓪	⓪
①	①	①
②	②	②
③	③	③
④	④	④
⑤	⑤	⑤
⑥	⑥	⑥
⑦	⑦	⑦
⑧	⑧	⑧
⑨	⑨	⑨

09 직사각형 ㄱㄴㄷㄹ의 네 변의 길이의 합은 몇 cm입니까?

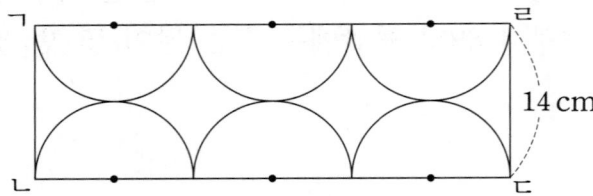

	⓪	⓪
①	①	①
②	②	②
③	③	③
④	④	④
⑤	⑤	⑤
⑥	⑥	⑥
⑦	⑦	⑦
⑧	⑧	⑧
⑨	⑨	⑨

10 ★에 알맞은 수를 구하시오.

> ★의 $\frac{3}{5}$은 45입니다.

11 2보다 큰 분수는 모두 몇 개입니까?

> $\frac{10}{5}$ $\frac{35}{15}$ $\frac{9}{6}$ $\frac{14}{14}$ $\frac{12}{18}$ $\frac{20}{4}$

12 다음과 같이 사탕 20개가 있습니다. 동생은 20개의 $\frac{1}{4}$을 먹고, 형은 남은 사탕의 $\frac{2}{3}$를 먹었습니다. 형은 동생보다 몇 개 더 먹었습니까?

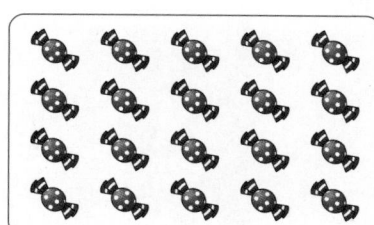

교과서 응용 과정

13 30명씩 탈 수 있는 버스가 16대 있습니다. 승객이 모두 탄 후 각 버스마다 빈 자리의 수를 세어 보니 모두 3자리씩 비어 있었습니다. 버스에 탄 승객은 모두 몇 명입니까?

14 □ 안에 알맞은 숫자를 모두 찾아 합을 구하면 얼마입니까?

$$
\begin{array}{r}
\square\,5 \\
\times \quad 5\ 7 \\
\hline
2\ 4\ \square \\
\square\ 7\ \square \\
\hline
1\ \square\ 9\ \square \\
\end{array}
$$

15 규형이는 굵기가 일정한 통나무를 쉬지 않고 8도막으로 자르는 데 35분이 걸렸습니다. 규형이가 이 통나무를 쉬지 않고 3도막으로 자르는 데는 몇 초가 걸리겠습니까?

16 어떤 수를 9로 나누었더니 몫이 27이고, 나머지가 5였습니다. 어떤 수를 7로 나눌 때 몫과 나머지의 합은 얼마입니까?

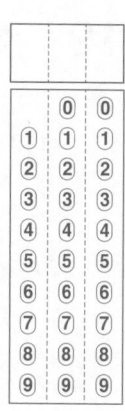

17 오른쪽 그림에서 점 ㄴ과 점 ㄹ은 원의 중심입니다. 사각형 ㄱㄴㄷㄹ의 네 변의 길이의 합이 38 cm일 때, 작은 원의 지름의 길이는 몇 cm입니까?

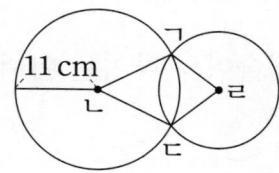

18 네 변의 길이의 합이 48 cm인 정사각형 ㄱㄴㄷㄹ 안에 오른쪽과 같이 점 ㅁ과 점 ㅂ을 중심으로 하는 원을 그렸습니다. 선분 ㅁㅂ의 길이는 몇 cm입니까?

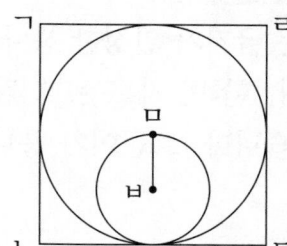

19 한초는 어머니께서 사 오신 사탕의 $\frac{7}{9}$을 먹고, 남은 사탕을 세어 보니 8개였습니다. 어머니께서 사 오신 사탕은 몇 개입니까?

20 할아버지의 연세는 70세이고, 아버지의 연세는 할아버지 연세의 $\frac{3}{5}$입니다. 예슬이의 나이는 아버지 연세의 $\frac{2}{7}$라면 예슬이의 나이는 몇 살입니까?

교과서 심화 과정

21 효근이는 굵기가 일정한 통나무 한 개를 톱을 이용하여 15도막으로 잘랐습니다. 한 번 자르는 데 걸리는 시간은 7분이며 한 번 자른 후 3분씩 쉬었습니다. 효근이가 통나무를 모두 자르는 데 걸린 시간은 몇 분입니까?

22 두 자리 수 중에서 7로 나누었을 때, 몫과 나머지의 합이 가장 크게 되는 두 자리 수는 얼마입니까?

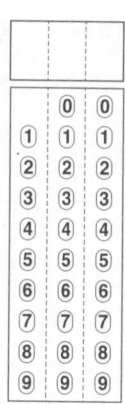

23 지름이 6 cm인 원을 다음과 같이 여러 개 그려서 원의 중심을 이어 만든 사각형의 네 변의 길이의 합이 120 cm가 되려면 원은 모두 몇 개 그려야 합니까?

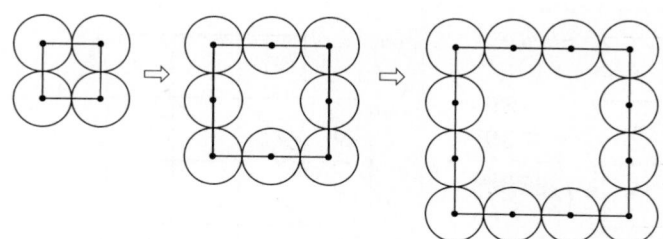

24 전체가 180쪽인 동화책을 한초는 $\frac{1}{5}$시간에 15쪽씩 읽고, 영수는 $\frac{1}{4}$ 시간에 12쪽씩 읽는다고 합니다. 두 사람이 쉬지 않고 동화책을 읽는다면, 한초가 다 읽은 지 몇 분 후에 영수가 다 읽겠습니까?

25 장난감을 만드는 ㉮ 기계와 ㉯ 기계가 있습니다. 장난감을 30초에 ㉮ 기계는 6개, ㉯ 기계는 3개를 만들 수 있습니다. 두 기계를 동시에 가동하여 장난감 792개를 만들었다면 몇 분 동안 만든 것입니까?

⓪ ⓪	
① ① ①	
② ② ②	
③ ③ ③	
④ ④ ④	
⑤ ⑤ ⑤	
⑥ ⑥ ⑥	
⑦ ⑦ ⑦	
⑧ ⑧ ⑧	
⑨ ⑨ ⑨	

창의 사고력 도전 문제

26 경민이는 ㉠㉡×㉢8을 [보기]와 같은 방법으로 계산하려고 합니다. 이때 ㉠+㉡+㉢은 얼마입니까?

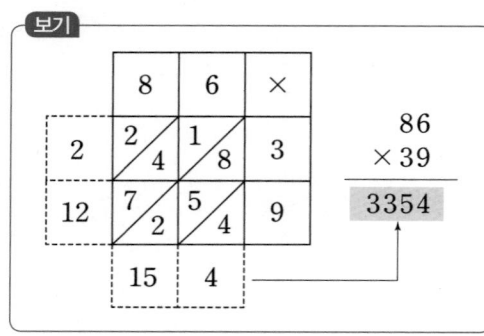

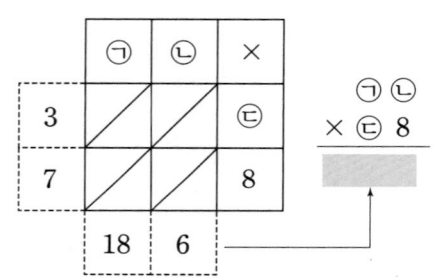

⓪ ⓪	
① ① ①	
② ② ②	
③ ③ ③	
④ ④ ④	
⑤ ⑤ ⑤	
⑥ ⑥ ⑥	
⑦ ⑦ ⑦	
⑧ ⑧ ⑧	
⑨ ⑨ ⑨	

27 두 수 ㉮와 ㉯가 있습니다. ㉮를 ㉯로 나누면 몫이 6이고, 나머지가 5입니다. ㉮와 ㉯의 차가 45일 때, ㉮와 ㉯의 곱은 얼마입니까?

⓪ ⓪	
① ① ①	
② ② ②	
③ ③ ③	
④ ④ ④	
⑤ ⑤ ⑤	
⑥ ⑥ ⑥	
⑦ ⑦ ⑦	
⑧ ⑧ ⑧	
⑨ ⑨ ⑨	

28 오른쪽 그림은 앞에 위치한 원의 반지름의 2배씩을 반지름으로 하여 원을 맞닿게 그려 나간 것입니다. 즉 원 ①의 반지름은 1 cm, 원 ②의 반지름은 2 cm, 원 ③의 반지름은 4 cm, …입니다.
점 ㄱ에서 원 ①의 중심까지의 거리가 3 cm일 때, 점 ㄱ에서 원 ⑥의 중심까지의 거리는 몇 cm입니까?

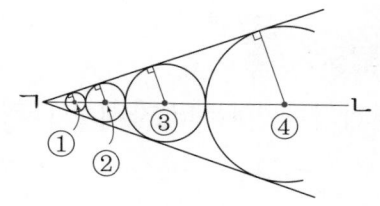

29 바닥에 흰색 타일과 검은색 타일이 오른쪽과 같이 깔려 있습니다. 검은색 타일은 정사각형 모양이고 크기가 작은 검은색 타일은 크기가 큰 검은색 타일의 $\frac{1}{9}$ 만큼의 크기라고 합니다. 바닥에 깔린 타일에서 흰색 타일이 차지하는 부분은 전체의 $\frac{㉠}{㉡}$ 일때 ㉠+㉡의 값을 구하시오.

30 서로 다른 두 자리 수 ㉮, ㉯, ㉰, ㉱를 각각 7로 나누면 나머지가 모두 같습니다. ㉮+㉯+㉰+㉱=195일 때 ㉮, ㉯, ㉰, ㉱를 각각 7로 나눌 때 나머지는 얼마입니까?

교과서 기본 과정

01 계산 결과가 큰 것부터 차례로 나타낸 것은 어느 것입니까?

$$\text{㉠} \ 722 \times 4 \qquad \text{㉡} \ 45 \times 69 \qquad \text{㉢} \ 79 \times 35$$

① ㉠, ㉡, ㉢　　　② ㉡, ㉢, ㉠　　　③ ㉠, ㉢, ㉡

④ ㉡, ㉠, ㉢　　　⑤ ㉢, ㉠, ㉡

02 라면이 한 상자에 33개씩 들어 있습니다. 17상자에 들어 있는 라면은 모두 몇 개입니까?

03 □ 안에 알맞은 숫자를 찾아 합을 구하면 얼마입니까?

$$
\begin{array}{r}
2\ \square \\
\times\ \square\ 6 \\
\hline
1\ 3\ 8 \\
\square\ \square \\
\hline
1\ 0\ 5\ \square
\end{array}
$$

04 100보다 작은 자연수 중 5로 나눌 때 몫이 자연수이고 나머지가 4인 수는 모두 몇 개입니까?

05 3학년 학생 41명은 체육 시간에 짝짓기 놀이를 하였습니다. 5명씩 짝짓기를 하고 남은 사람을 뺀 다음, 다시 3명씩 짝짓기를 하고 남은 사람을 뺐습니다. 빠진 사람은 모두 몇 명입니까?

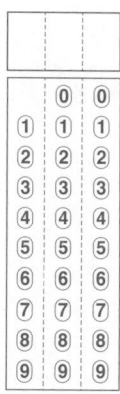

06 어떤 수를 3으로 나누어야 할 것을 잘못하여 4로 나누었더니 몫이 23이고, 나머지가 3이 되었습니다. 바르게 계산할 때 몫과 나머지의 합은 얼마입니까?

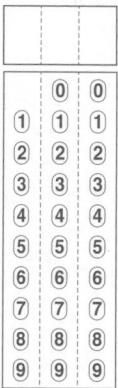

07 한 변의 길이가 20 cm인 정사각형 안에 가장 큰 원을 그리려고 합니다. 컴퍼스의 침과 연필심 사이의 거리는 몇 cm로 해야 합니까?

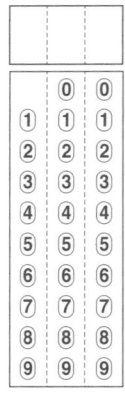

08 작은 원 한 개의 지름의 길이는 몇 cm입니까?

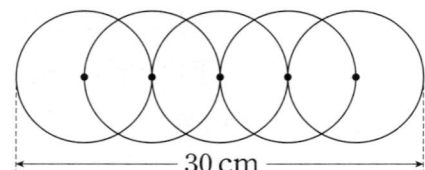

09 오른쪽 그림과 같이 크기가 같은 두 개의 원을 그렸습니다. 두 원은 원의 중심 ㄱ, ㄴ을 각각 지나고 삼각형 ㄱㄴㄷ의 세 변의 길이의 합이 21 cm일 때, 원의 지름의 길이는 몇 cm입니까?

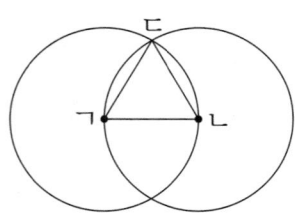

10 6보다 큰 수는 어느 것입니까?

① $\dfrac{40}{7}$　　　② $\dfrac{28}{5}$　　　③ $\dfrac{50}{9}$

④ $\dfrac{49}{8}$　　　⑤ $\dfrac{35}{6}$

11 간장이 $2\dfrac{5}{8}$ L 있습니다. 한 컵에 $\dfrac{1}{8}$ L씩 따르려면 필요한 컵은 모두 몇 개입니까?

12 아름이는 길이가 36 cm인 종이테이프를 가지고 있습니다. 이 종이테이프의 $\dfrac{5}{18}$를 사용하였습니다. 남은 종이테이프의 길이는 몇 cm입니까?

교과서 응용 과정

13 보기에서 규칙을 찾아 8을 50번 곱했을 때, 그 곱의 일의 자리 숫자는 무엇입니까?

보기
> 8
> $8 \times 8 = 64$
> $8 \times 8 \times 8 = 512$
> $8 \times 8 \times 8 \times 8 = 4096$
> $8 \times 8 \times 8 \times 8 \times 8 = 32768$

14 다음과 같이 성냥개비로 정사각형을 만들려고 합니다. 15개의 정사각형을 만들려면 성냥개비는 몇 개 필요합니까?

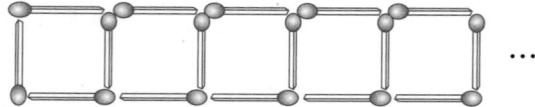 ···

15 길이가 70 cm인 막대를 두 도막으로 잘랐더니 긴 쪽의 막대가 짧은 쪽의 막대보다 8 cm 더 길었습니다. 짧은 막대의 길이는 몇 cm입니까?

16 다음 나눗셈식에서 □7은 두 자리 수이고 나머지가 3이 될 때, □ 안에 들어갈 수 있는 숫자는 모두 몇 개입니까?

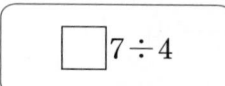

$$\boxed{}7 \div 4$$

17 그림과 같이 지름이 4 cm 6 mm인 7개의 원을 겹치지 않게 이어 붙였습니다. 굵은 선의 길이는 몇 mm입니까?

4 cm 6 mm

18 그림과 같이 크기가 다른 원 가, 나, 다, 라가 있습니다. 원 라의 반지름은 36 cm이고, 원 나의 지름은 원 가의 지름의 2배이고, 원 다의 지름은 원 나의 지름의 3배입니다. 원 가의 지름은 몇 cm입니까?

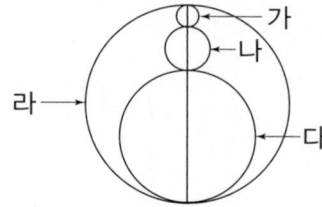

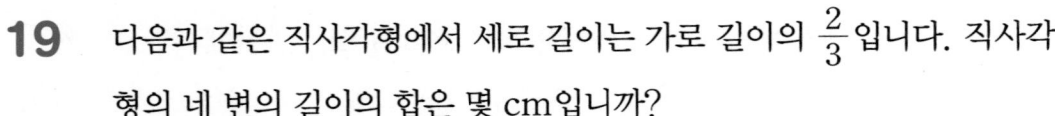

19 다음과 같은 직사각형에서 세로 길이는 가로 길이의 $\frac{2}{3}$ 입니다. 직사각형의 네 변의 길이의 합은 몇 cm입니까?

12 cm

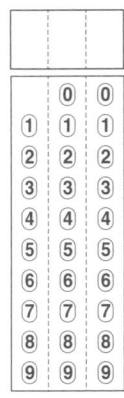

20 각각 1부터 6까지 적힌 주사위 3개를 동시에 던져서 나올 수 있는 서로 다른 세 수를 사용하여 대분수를 만들 때, 만들 수 있는 대분수는 모두 몇 개입니까?

교과서 심화 과정

21 규형이는 1부터 50까지의 수 중 두 개의 수를 뽑았습니다. 두 수의 합은 50이고, 두 수의 곱은 621일 때, 규형이가 뽑은 두 수 중 큰 수는 얼마입니까?

22 다음과 같이 수를 규칙적으로 늘어놓았습니다. 81째 번까지의 수 중에서 7이 몇 번 나오는지 알아내어 그들의 합을 구하시오.

> 2, 7, 7, 5, 7, 9, 4, 2, 7, 7, 5, 7, 9, 4, 2, 7, 7, …

23 선생님께서 재인이네 반 학생들에게 연필을 나누어 주려고 합니다. 연필을 3자루씩 나누어 주면 6자루가 남고, 5자루씩 나누어 주면 40자루가 모자랍니다. 재인이네 반 학생은 모두 몇 명입니까?

24 물통에 물이 가득 들어 있을 때의 무게는 21 kg이었습니다. 이 물의 $\frac{4}{9}$를 사용한 뒤의 무게가 13 kg이었다면 물통만의 무게는 몇 kg입니까?

25 다음은 (두 자리 수)÷(한 자리 수)의 나눗셈식입니다. 몫이 12보다 큰 수가 나올 수 있는 식은 모두 몇 개입니까?

$$4\square \div 5 \quad \square 1 \div 6 \quad \square 9 \div 9 \quad 2\square \div 2$$
$$\square 8 \div 7 \quad 3\square \div 3 \quad 8\square \div 8 \quad \square 3 \div 4$$

⓪	⓪
①	①
②	②
③	③
④	④
⑤	⑤
⑥	⑥
⑦	⑦
⑧	⑧
⑨	⑨

창의 사고력 도전 문제

26 36명의 간식을 사기 위해 시장에 왔습니다. 한 명당 팥 도넛 1개와 꽈배기 1개를 나누어 주려고 했는데 팥을 싫어하는 사람이 있어 팥을 싫어하는 12명에게는 꽈배기 2개씩을 나누어 주려고 합니다. 필요한 팥 도넛과 꽈배기를 꼭맞게 살 때 가장 비싸게 사는 방법과 가장 싸게 사는 방법의 가격 차는 얼마입니까?

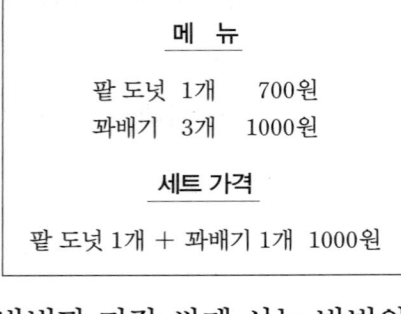

메 뉴

팥 도넛 1개   700원
꽈배기 3개   1000원

세트 가격

팥 도넛 1개 + 꽈배기 1개 1000원

27 장훈이는 친구들에게 색종이를 나누어 주려고 합니다. 친구 한 명에게 15장씩 나누어 주면 40장이 남고, 20장씩 나누어 주면 5장이 부족합니다. 장훈이가 가지고 있는 색종이는 모두 몇 장입니까?

28 오른쪽 그림에서 원 ㉮의 지름은 원 ㉯의 지름의 반이고 삼각형 ㄱㄴㄹ의 세 변의 길이의 합이 70 cm일 때, 사각형 ㄱㄴㄷㄹ의 네 변의 길이의 합은 몇 cm입니까?

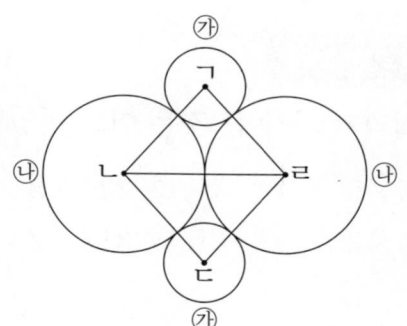

29 어떤 가분수의 분모와 분자의 합은 59입니다. 또 분자를 분모로 나누었더니 몫이 7이고 나머지는 3이 되었습니다. 이 가분수의 분모는 얼마입니까?

30 길이가 다른 두 막대 ㉮와 ㉯를 이용하여 책상의 높이를 재었습니다. ㉮ 막대로 책상의 높이를 쟀을 때는 ㉮ 막대의 $\frac{7}{15}$ 만큼이었고, ㉯ 막대로 같은 책상의 높이를 쟀을 때는 ㉯ 막대의 $\frac{7}{20}$ 만큼이었습니다. ㉮ 막대와 ㉯ 막대의 길이의 차가 45 cm일 때 이 책상의 높이는 몇 cm입니까?

교과서 기본 과정

01 계산 결과가 가장 큰 것은 어느 것입니까?

① 136×5 　　② 224×3 　　③ 174×4

④ 186×3 　　⑤ 312×2

	0	0
1	1	1
2	2	2
3	3	3
4	4	4
5	5	5
6	6	6
7	7	7
8	8	8
9	9	9

02 □ 안에 알맞은 수는 무엇입니까?

$$(27 \times 4) + 27 + 27 + 27 = 27 \times \boxed{}$$

	0	0
1	1	1
2	2	2
3	3	3
4	4	4
5	5	5
6	6	6
7	7	7
8	8	8
9	9	9

03 한 대에 42명씩 탈 수 있는 버스가 8대 있습니다. 학생들을 각 버스에 똑같게 나누어 태웠더니 빈 자리가 5자리씩 남았습니다. 버스에 탄 학생은 모두 몇 명입니까?

	0	0
1	1	1
2	2	2
3	3	3
4	4	4
5	5	5
6	6	6
7	7	7
8	8	8
9	9	9

04 나눗셈을 계산하여 몫과 나머지를 구할 때 (㉠+㉡)−(㉢+㉣)의 값은 얼마입니까?

$$78 \div 8 = ㉠ \cdots ㉡ \qquad 29 \div 7 = ㉢ \cdots ㉣$$

05 ㉠과 ㉡이 같을 때 ★에 알맞은 수는 얼마입니까?

$$㉠ = 54 \div 3 \qquad ㉡ = ★ \div 5$$

06 ▲는 다음 나눗셈에서 나올 수 있는 수 중 가장 큰 수입니다. ■에 알맞은 수는 얼마입니까?

$$■ \div 8 = 24 \cdots ▲$$

07 오른쪽 그림은 반지름의 길이가 4 cm인 원 4개를 맞닿게 그린 것입니다. 4개의 원의 중심을 이은 사각형 ㄱㄴㄷㄹ의 네 변의 길이의 합은 몇 cm입니까?

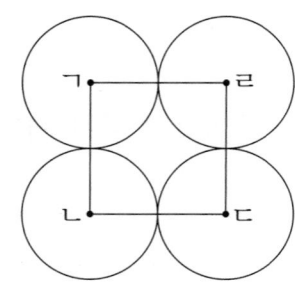

08 오른쪽 직사각형 안에 가장 큰 원을 그리려고 합니다. 컴퍼스의 침과 연필심 사이의 거리는 몇 cm로 해야 합니까?

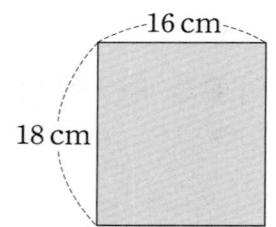

09 오른쪽 그림과 같이 크기가 같은 원을 그려, 두 원의 중심과 두 원이 만나는 점을 이어 사각형을 그렸습니다. 네 변의 길이의 합이 64 cm라면 원의 지름은 몇 cm입니까?

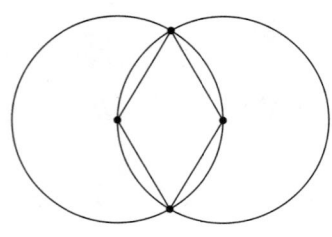

10 다음은 어떤 규칙에 따라 분수를 나열한 것입니다. □ 안에 들어갈 분수를 $\dfrac{㉠}{㉡}$이라고 할 때, ㉠+㉡은 얼마입니까?

$$\frac{1}{1}, \ \frac{1}{2}, \ \frac{2}{2}, \ \frac{1}{3}, \ \frac{2}{3}, \ \frac{3}{3}, \ \frac{1}{4}, \ \frac{2}{4}, \ \frac{3}{4}, \ \frac{4}{4}, \ \boxed{}, \ \cdots$$

11 서윤이는 길이가 17 cm인 종이테이프를 가지고 있습니다. 선물을 포장하는데 이 종이테이프의 $\dfrac{9}{17}$를 사용하였습니다. 남은 종이테이프의 길이는 몇 cm입니까?

12 자연수 부분이 3이고 분모가 8인 대분수 중에서 가장 작은 수를 가분수로 나타내면 분자는 얼마입니까?

교과서 응용 과정

13 다음을 만족하는 ㉠과 ㉡을 찾아 ㉠＋㉡의 값을 구하시오.

$$6㉠ × ㉡4 = 2904$$

⓪	⓪	⓪
①	①	①
②	②	②
③	③	③
④	④	④
⑤	⑤	⑤
⑥	⑥	⑥
⑦	⑦	⑦
⑧	⑧	⑧
⑨	⑨	⑨

14 그림과 같이 길이가 18 cm인 테이프를 이어 붙이려고 합니다. 이을 때 겹쳐지는 부분을 3 cm로 한다면 테이프 17장을 이어 붙인 전체 길이는 몇 cm입니까?

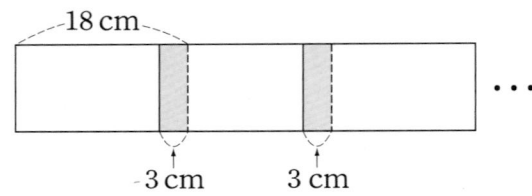

18 cm
3 cm   3 cm
. . .

⓪	⓪	⓪
①	①	①
②	②	②
③	③	③
④	④	④
⑤	⑤	⑤
⑥	⑥	⑥
⑦	⑦	⑦
⑧	⑧	⑧
⑨	⑨	⑨

15 ★에 알맞은 수를 구하시오.

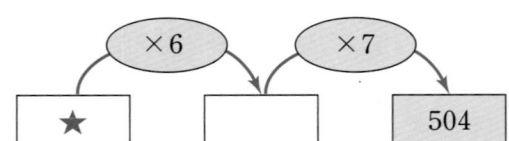

★ ×6   ×7 504

⓪	⓪	⓪
①	①	①
②	②	②
③	③	③
④	④	④
⑤	⑤	⑤
⑥	⑥	⑥
⑦	⑦	⑦
⑧	⑧	⑧
⑨	⑨	⑨

16 바둑돌을 다음과 같이 일정한 규칙으로 늘어놓았습니다. 늘어놓은 바둑돌 전체의 개수가 92개라면, 흰색 바둑돌의 개수는 모두 몇 개입니까?

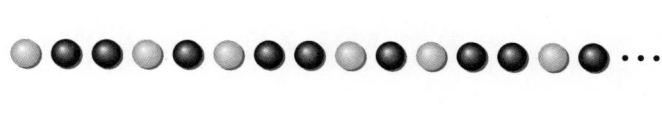

17 지름의 길이가 8 cm인 원 10개를 맞닿게 그린 것입니다. 굵은 선의 길이는 몇 cm입니까?

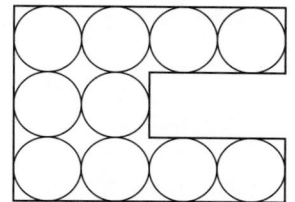

18 다음 그림에서 원 가의 지름은 원 나의 지름의 3배이고, 원 다의 지름은 원 나의 지름의 2배입니다. 삼각형의 세 변의 길이의 합이 96 cm일 때, 원 가의 지름은 몇 cm입니까?

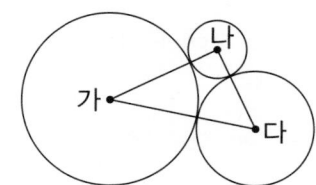

19 길이가 48 m인 리본이 있습니다. 이 리본의 $\frac{1}{3}$을 형이, $\frac{1}{4}$을 동생이 사용했고, 용희가 3 m를 사용했다면 남은 리본의 길이는 몇 m입니까?

20 봉지 안에 사과 맛 사탕과 딸기 맛 사탕이 72개 들어 있습니다. 딸기 맛 사탕은 사과 맛 사탕의 $\frac{1}{5}$만큼 들어 있다고 할 때, 딸기 맛 사탕은 몇 개 들어 있습니까?

교과서 심화 과정

21 □ 안에 알맞은 수는 얼마입니까?

$$(256 \times 8) - (256 \times 3) + (256 \times 7) = 256 \times \boxed{}$$

22 7로 나누었을 때 몫과 나머지가 같은 수 중에서 9로 나누어도 몫과 나머지가 같은 수를 구하시오.

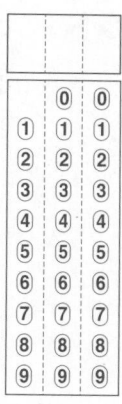

23 오른쪽 그림은 여러 가지 크기의 원의 $\frac{1}{4}$을 붙여 놓은 것입니다. ㉢과 ㉣의 크기는 같고, ㉠은 지름이 36 cm인 원의 $\frac{1}{4}$일 때, ㉡은 지름이 몇 cm인 원의 $\frac{1}{4}$입니까?

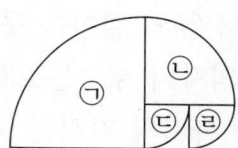

24 오른쪽 그림과 같이 점판 위에 사각형을 그렸습니다. 색칠한 부분의 넓이가 사각형의 넓이의 $\frac{4}{\square}$일 때, □ 안에 알맞은 수는 무엇입니까?

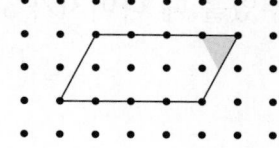

25 다음은 (두 자리 수)÷(한 자리 수)의 나눗셈식입니다. 나머지가 4가 될 수 있는 식은 모두 몇 개입니까?

1☐÷2   ☐7÷8   4☐÷4   3☐÷7

☐9÷9   ☐3÷5   2☐÷3   ☐4÷6

창의 사고력 도전 문제

26 강당에서 ㉠의 길이를 구하려고 합니다. 긴 의자의 개수는 23개이고 의자와 의자 사이의 거리는 90 cm였습니다. 의자의 짧은 쪽의 길이가 1 m일 때, ㉠은 몇 m입니까?

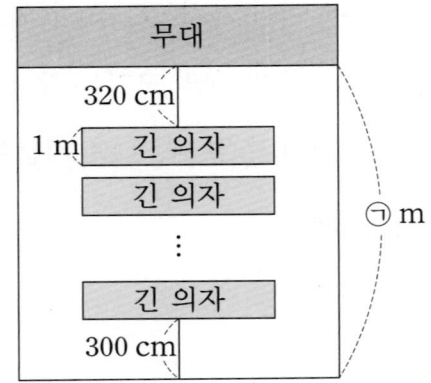

27 8로 나누었을 때 나머지가 5가 되는 세 자리 수는 모두 몇 개입니까?

28 그림에서 ㉠의 길이는 원 가의 지름의 $\frac{1}{10}$이고, 원 다의 반지름은 원 나의 지름의 $\frac{1}{4}$입니다. 삼각형 ㄱㄴㄷ의 세 변의 길이의 합이 95 cm일 때, ㉡의 길이는 몇 cm입니까?

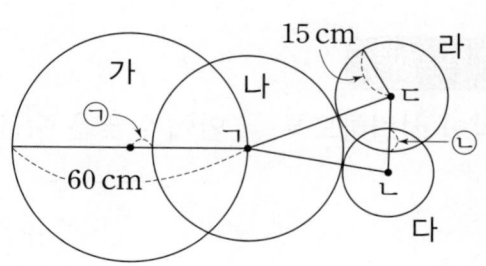

29 유승이네 학교 3학년 학생 중 남학생은 전체의 $\frac{5}{9}$보다 25명이 적고, 여학생은 전체의 $\frac{2}{9}$보다 67명이 더 많다고 합니다. 3학년 학생 중 남학생은 모두 몇 명입니까?

30 원 모양의 공원 둘레에 25 m 간격으로 가로등이 세워져 있습니다. 한 가로등을 기준으로 1번이라 하고 그 가로등부터 개수를 세어 오른쪽으로 12번째, 왼쪽으로 9번째 가로등이 서로 마주 보고 세워져 있습니다. 이 공원의 둘레는 몇 m입니까?

🌸 부록에 있는 OMR 카드를 사용해 보세요.

교과서 기본 과정

01 다음 식이 성립하도록 □ 안에 알맞은 수를 구하시오.

$$42 \times 25 = \boxed{} \times 10$$

(   )

02 강당에 의자가 한 줄에 16개씩 38줄 놓여 있습니다. 모두 몇 개의 의자가 있습니까?

(   )개

03 어떤 수에 39를 곱해야 할 것을 잘못해서 39를 더하였더니 61이 되었습니다. 바르게 계산하면 얼마입니까?

(   )

04 다음 나눗셈식에서 나머지가 4가 나올 수 없는 식은 모두 몇 개입니까?

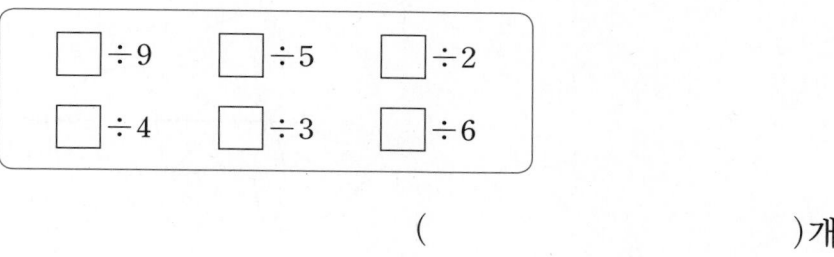

(   )개

05 수지네 마을 학생 38명이 짝짓기놀이를 합니다. 6명씩 짝을 지으면 짝을 짓지 못하고 남아 있는 학생은 몇 명입니까?

(   )명

06 연필 50자루를 6명에게 똑같이 나누어 주었더니 2자루가 남았습니다. 한 사람에게 몇 자루씩 나누어 주었습니까?

(   )자루

07 다음 그림은 똑같은 크기의 원을 중심을 다르게 하여 그린 것입니다. 선분 ㄱㄴ의 길이가 12 cm일 때, 이와 같은 모양을 그리기 위해 컴퍼스의 침과 연필심 사이의 거리는 몇 cm로 해야 합니까?

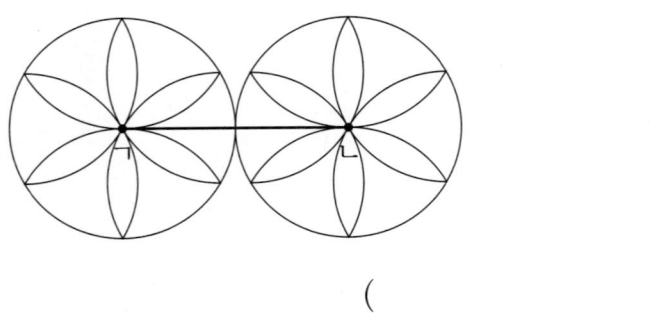

( ) cm

08 원에 대한 설명입니다. 바르지 <u>않은</u> 것은 어느 것입니까? ( )

① 원의 지름은 반지름의 2배입니다.
② 한 원에서 반지름의 길이는 모두 같습니다.
③ 원 위의 두 점을 지나는 선분을 원의 지름이라고 합니다.
④ 컴퍼스의 침과 연필심 사이의 거리를 원의 반지름이라고 합니다.
⑤ 컴퍼스를 이용하여 원을 그릴 때 컴퍼스의 침이 놓인 점을 원의 중심이라고 합니다.

09 크기가 같은 원을 오른쪽과 같이 4개 그린 후 원의 중심을 이어 사각형을 그렸습니다. 사각형의 네 변의 길이의 합이 72 cm일 때, 원의 반지름은 몇 cm입니까?

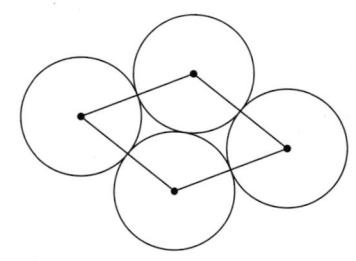

( ) cm

10 자전거로 공원을 한 바퀴 도는 데 $\frac{1}{4}$ 시간이 걸립니다. $2\frac{3}{4}$ 시간 동안 같은 빠르기로 공원을 돈다면 모두 몇 바퀴를 돌 수 있습니까?

(   )바퀴

11 신영이는 아버지께서 사 오신 참외의 $\frac{3}{5}$ 을 먹고, 남은 참외를 세어 보니 6개였습니다. 아버지께서 사 오신 참외는 몇 개입니까?

(   )개

12 색종이가 90장 있습니다. 그중에서 규형이는 $\frac{1}{5}$ 을 가졌고, 한별이는 $\frac{1}{6}$ 을 가졌습니다. 규형이는 한별이보다 색종이를 몇 장 더 많이 가졌습니까?

(   )장

교과서 응용 과정

13 그림과 같이 한 변의 길이가 12 cm인 정사각형 모양의 타일 15장을 한 줄로 늘어놓았습니다. 만들어진 직사각형의 네 변의 길이의 합은 몇 cm입니까?

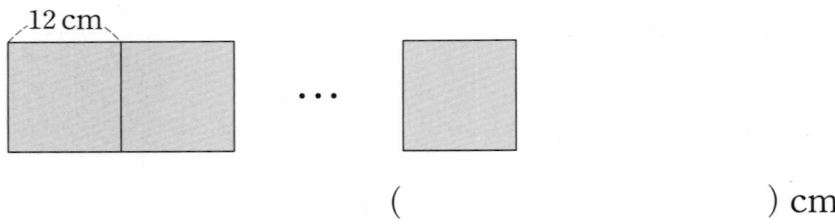

(   ) cm

14 하은이는 다음과 같은 식을 세워 문제를 해결하려고 합니다. □ 안에 알맞은 수는 무엇입니까?

현우, 민수, 철호 세 사람은 하루에 줄넘기를 각각 90번씩 합니다.
10일 동안 줄넘기를 했다면 세 사람이 한 줄넘기는 모두 몇 번입니까?

(   )

15 농장에 돼지 21마리와 오리 몇 마리가 있습니다. 돼지와 오리의 다리 수를 세어 보니 모두 166개입니다. 농장에 있는 오리는 모두 몇 마리입니까?

(   )마리

16 다음과 같이 어떤 수를 한 자리 수로 나누었더니 몫이 한 자리 수이고 나머지가 8이
되었습니다. 다음 중 어떤 수가 될 수 있는 것은 어느 것입니까? (   )

$$\text{(어떤 수)} \div \boxed{} = \text{☆} \cdots 8$$

① 26   ② 43   ③ 56
④ 66   ⑤ 75

17 똑같은 크기의 원이 6개 있습니다. 원의 중심을 이용하여
삼각형 ㄱㄴㄷ을 그렸습니다. 삼각형 세 변의 길이의 합이
36 cm이라면 원의 반지름은 몇 cm입니까?

(   ) cm

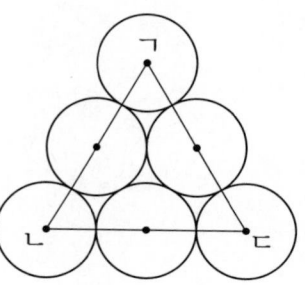

18 원의 중심이 점 ㅇ인 큰 원 안에 지름이 6 cm, 12 cm인 원이
오른쪽 그림과 같이 그려져 있습니다. 큰 원의 지름은 몇 cm입
니까?

(   ) cm

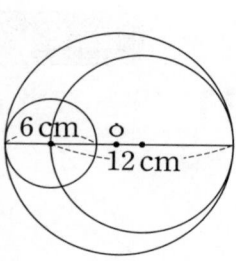

19 세 사람이 일을 하는 데 4일 동안 전체 일의 양의 $\frac{3}{4}$을 했습니다. 나머지 일을 한 사람이 하는 데는 며칠이 걸립니까?

(   )일

20 ㉠과 ㉡에 알맞은 수의 합을 구하시오.

> • 16은 20의 $\frac{㉠}{5}$입니다.
>
> • 32는 56의 $\frac{4}{㉡}$입니다.

(   )

교과서 심화 과정

21 7을 77번 곱하였을 때, 계산 결과의 일의 자리 숫자는 무엇입니까?

(   )

22 방학 동안 자매가 매일 수학 문제집을 풀고 있습니다. 방학이 시작된 이후로 오늘 까지 푼 쪽수가 언니는 36쪽, 동생은 12쪽입니다. 내일부터는 매일 언니는 2쪽씩, 동생은 5쪽씩 풀려고 합니다. 자매가 푼 문제집의 쪽수가 같게 되는 것은 며칠 후 입니까?

(   )일 후

23 그림과 같이 반지름의 길이가 5 cm인 원을 맞닿게 그린 후 바깥쪽 원의 중심을 이어 삼각형을 만들었습니다. 같은 방법으로 원을 21개 그려서 삼각형을 만들었을 때, 삼 각형의 세 변의 길이의 합은 몇 cm입니까?

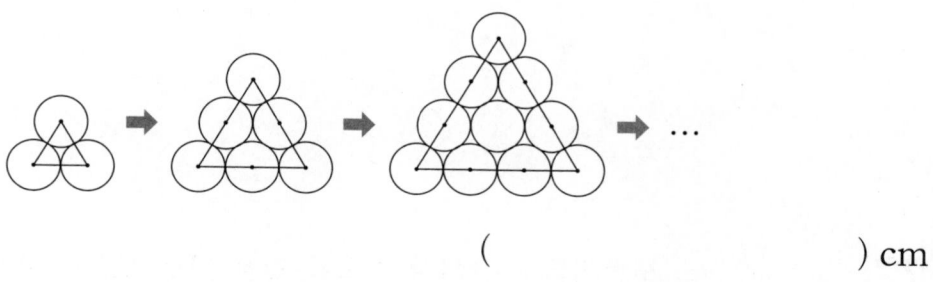

(   ) cm

24 점판 위에 그린 도형 ㉮는 어떤 도형의 $\frac{3}{8}$입니다. 이때, 어떤 도형 의 $\frac{5}{8}$를 나타낸 도형은 어느 것입니까? (   )

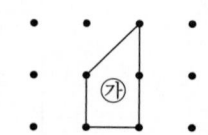

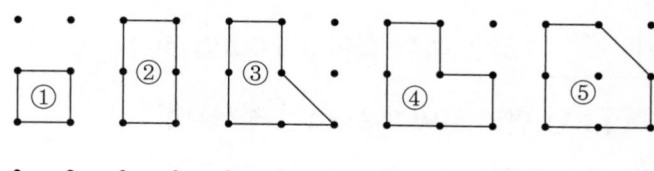

25 어린이날 몇 사람에게 연필을 나누어 주었는데 7자루씩 나누어 주었더니 111자루가 남았고, 10자루씩 나누어 주었더니 남는 연필이 없었습니다. 몇 사람에게 연필을 나누어 주었습니까?

(   )명

창의 사고력 도전 문제

26 두 식에서 ♥, ▲, ■, ★는 각각 1~9까지의 숫자 중 어느 하나입니다. ★이 나타내는 숫자는 무엇입니까?

$$\begin{array}{r} 3\ \heartsuit\ \blacktriangle\ 7 \\ +\ 5\ 8\ 9\ \blacksquare \\ \hline 9\ 2\ \blacktriangle\ 3 \end{array} \qquad \begin{array}{r} 5\ \bigstar \\ \times\ \ \ \heartsuit\ \blacksquare \\ \hline 2\ 0\ \bigstar\ \bigstar \end{array}$$

(   )

27 ㉠, ㉡, ㉢ 색종이를 사용하여 다음과 같은 방법으로 한 변의 길이가 1 m 20 cm인 정사각형 모양의 액자를 꾸미려고 합니다. 첫줄은 ㉠ 색종이, 둘째 줄은 ㉡ 색종이, 셋째 줄은 ㉢ 색종이와 같이 위에서부터 ㉠ 색종이, ㉡ 색종이, ㉢ 색종이, ㉠ 색종이, ㉡ 색종이, …의 순서대로 꾸밀 때 ■장의 색종이가 필요합니다. 이때 ■÷100의 값은 얼마입니까?

6 cm ㉠ : 긴 쪽의 길이가 6 cm인 직사각형

4 cm ㉡ : 짧은 쪽의 길이가 4 cm인 직사각형

2 cm ㉢ : 한 변의 길이가 2 cm인 정사각형

(   )

28 다음 그림 ㉮와 ㉯는 반지름이 같은 원을 여러 개 맞닿게 그린 것입니다. 그림 ㉮와 ㉯에서 맨 바깥쪽 원의 중심을 이어서 가장 큰 사각형을 각각 만들었습니다. 이 두 사각형의 네 변의 길이의 합의 차가 34 cm일 때, 그림 ㉮에서 만든 가장 큰 사각형의 네 변의 길이의 합은 몇 cm입니까?

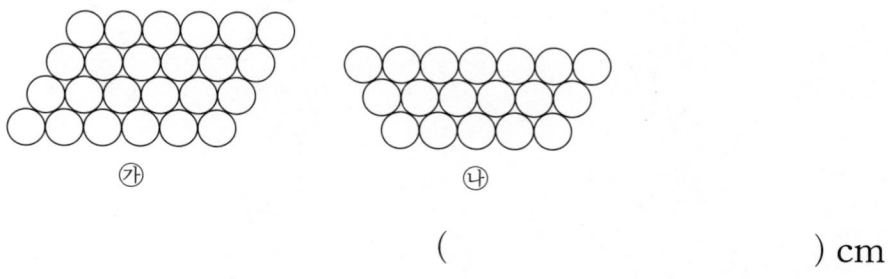

(   ) cm

29 20보다 작으면서 분모가 20인 가분수의 개수를 ㉠이라 하고 15보다 작으면서 분모가 15인 가분수의 개수를 ㉡이라 할 때 ㉠－㉡의 값은 얼마입니까?

(   )

30 서로 다른 숫자 4개를 사용하여 네 자리 자연수 ㉮㉯㉰㉱를 만드는 데 보기와 같이 '㉮＋㉯＋㉰'가 ㉱의 3배가 되게 하려고 합니다. 이러한 네 자리 자연수 중에서 2000에서 3000 사이에 있는 수들은 모두 몇 개입니까?

> 보기
> $1502 \Rightarrow 1+5+0=2\times3$
> $5164 \Rightarrow 5+1+6=4\times3$

(   )개

🌸 부록에 있는 OMR 카드를 사용해 보세요.

교과서 기본 과정

01 ㉮에 알맞은 수는 얼마입니까?

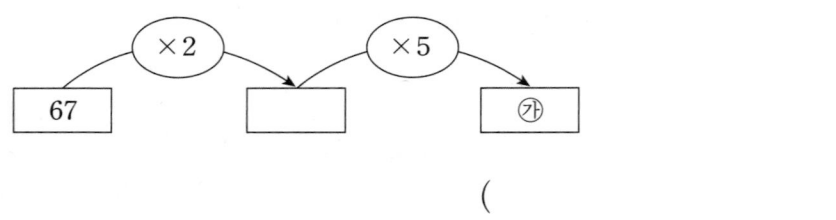

(   )

02 수지네 학교 운동장의 한 바퀴 둘레는 254 m입니다. 수지가 오늘 아침에 운동장 세 바퀴를 뛰었다면, 뛴 거리는 모두 몇 m입니까?

(   ) m

03 한 상자에 105개씩 들어 있는 귤 상자를 오른쪽과 같이 쌓았습니다. 귤은 모두 몇 개입니까?

(   )개

04 빈 곳에 알맞은 수는 얼마입니까?

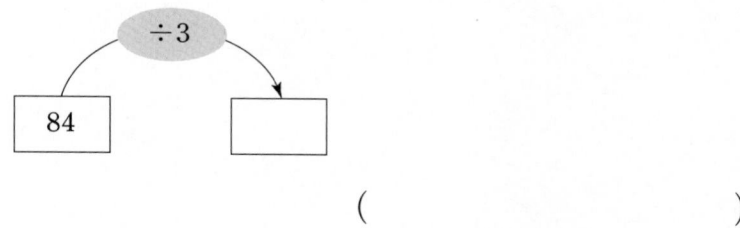

(   )

05 다음 나눗셈이 나누어떨어지려면 □ 안에 어떤 숫자를 넣어야 합니까?

(   )

06 철사 7 cm로 고리를 한 개 만들 수 있습니다. 철사 85 cm로는 똑같은 고리를 모두 몇 개 만들 수 있습니까?

(   )개

07 오른쪽 그림과 같이 한 변의 길이가 15 cm인 정사각형 안에 그릴 수 있는 가장 큰 원을 그렸습니다. 이 원 안에 그을 수 있는 선분 중에서 길이가 가장 긴 선분의 길이는 몇 cm입니까?

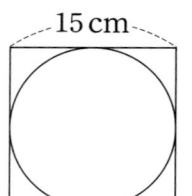

(   ) cm

08 오른쪽 그림에서 큰 원의 지름이 28 cm일 때, 작은 원의 반지름은 몇 cm입니까?

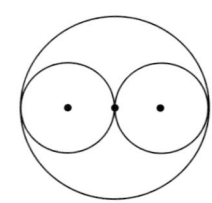

(   ) cm

09 오른쪽 그림은 지름이 12 cm인 원을 맞닿게 그린 것입니다. 사각형 ㄱㄴㄷㄹ의 네 변의 길이의 합은 몇 cm입니까?

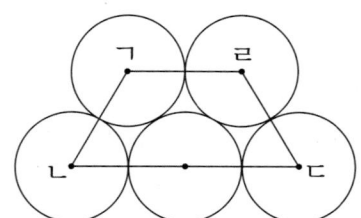

(   ) cm

10 0과 1 사이에 있는 분수는 어느 것입니까? (   )

① $\dfrac{9}{7}$ ② $\dfrac{7}{4}$ ③ $\dfrac{9}{8}$

④ $\dfrac{4}{5}$ ⑤ $\dfrac{5}{3}$

11 오른쪽 도형에서 색칠된 부분을 분수로 나타내면 $\dfrac{\square}{8}$ 입니다.

□ 안에 알맞은 수는 무엇입니까?

(   )

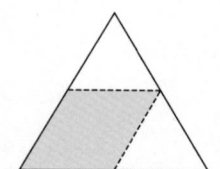

12 분모가 9인 분수 중에서 $\dfrac{21}{9}$ 보다 크고 3보다 작은 대분수는 모두 몇 개입니까?

(   )개

교과서 응용 과정

13 어떤 수에 8을 곱할 것을 잘못하여 8을 더했더니 125가 되었습니다. 바르게 계산하면 답은 얼마입니까?

(   )

14 □ 안에 알맞은 수는 무엇입니까?

$$185 + 184 + 184 + (184 \times 5) = 184 \times \boxed{} + 1$$

(   )

15 오른쪽과 같은 직사각형 모양의 종이가 있습니다. 종이를 한 변의 길이가 4 cm인 정사각형 모양으로 자르려고 합니다. 정사각형은 모두 몇 개 만들 수 있습니까?

(   )개

16 신영이가 한 상자에 9권씩 책을 넣으면 마지막 상자에는 5권을 넣게 됩니다. 책이 70권보다 많고 80권보다 적을 때, 한 상자에 5권씩 책을 모두 넣으려면 상자는 적어도 몇 개가 필요합니까?

(   )개

17 다음 그림과 같이 직사각형 ㄱㄴㄷㄹ에 지름이 6 cm인 4개의 원을 겹치지 않게 그린 것입니다. 직사각형 ㄱㄴㄷㄹ의 네 변의 길이의 합은 몇 cm입니까?

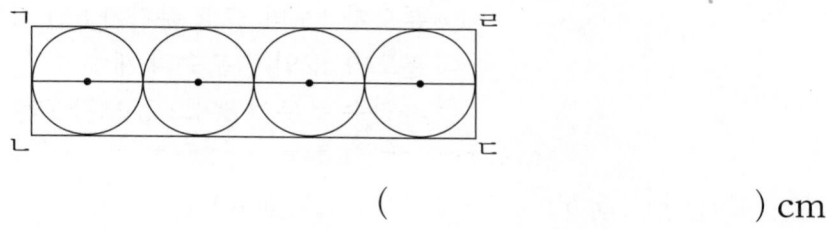

(   ) cm

18 다음 그림과 같이 안쪽 반지름이 7 cm이고, 두께가 1 cm인 고리 20개를 연결했을 때, 그 길이가 가장 긴 경우는 몇 cm입니까?

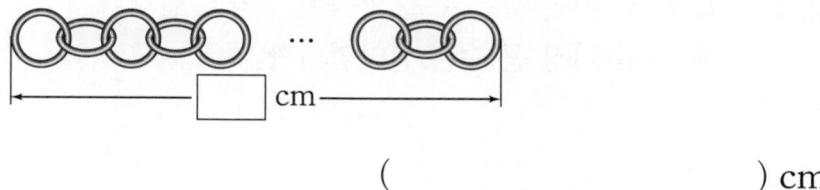

(   ) cm

19 어떤 가분수의 분모와 분자의 합은 20이고 차는 2입니다. 이 가분수를 대분수로 나타내면 ㉠$\frac{㉢}{㉣}$이라고 할 때 ㉠+㉢+㉣의 값은 얼마입니까?

(   )

20 개수가 작은 것부터 차례로 기호를 쓴 것은 어느 것입니까? (   )

㉠ 분모가 1보다 크고 분자가 6인 가분수의 개수
㉡ 분모가 12인 진분수의 개수
㉢ 자연수 부분이 8이고 분모가 7인 대분수의 개수

① ㉠, ㉡, ㉢ ② ㉢, ㉡, ㉠ ③ ㉠, ㉢, ㉡
④ ㉡, ㉠, ㉢ ⑤ ㉡, ㉢, ㉠

교과서 심화 과정

21 1, 2, 3, …과 같은 수를 연속된 수라고 합니다. 어떤 연속된 세 수의 합이 1353일 때, 세 수 중 가장 큰 수는 얼마입니까?

(   )

22 다음 식을 만족하는 두 수 ㉠과 ㉡의 합은 얼마입니까?

$$㉠ \times ㉡ = 576 \qquad ㉠ \div ㉡ = 9$$

(   )

23 오른쪽 그림은 크기가 같은 원 14개를 맞닿게 그린 것입니다. 굵은 선의 길이의 합이 140 cm일 때, 이 원의 지름은 몇 cm입니까?

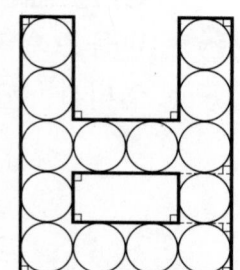

(   ) cm

24 유승이는 다음과 같이 숫자 카드 5장을 가지고 있습니다. 이 중에서 3장을 뽑아 대분수를 만들 때 3보다 큰 대분수는 모두 몇 개 만들 수 있습니까?

(   )개

25 다음과 같이 규칙적으로 분수를 늘어놓을 때 100번째에 놓이는 분수를 대분수로 나타내면 ㉠$\frac{㉢}{㉡}$입니다. 이때 ㉠+㉡+㉢의 값은 얼마입니까?

$$\frac{1}{2}, \ \frac{3}{3}, \ \frac{5}{4}, \ \frac{7}{5}, \ \cdots$$

(   )

> **창의 사고력 도전 문제**

26 다음은 어떤 두 수의 합과 곱을 나타낸 것입니다. ㉠~㉺에 알맞은 숫자의 합은 얼마입니까? (단, ㉠은 홀수입니다.)

$$\begin{array}{r} ㉠\ 9 \\ +\ \ 5\ ㉡ \\ \hline 1\ ㉢\ ㉣ \end{array} \qquad \begin{array}{r} ㉠\ 9 \\ \times\ \ 5\ ㉡ \\ \hline ㉤\ 4\ ㉥\ 4 \end{array}$$

(   )

27 어떤 두 자리 수를 그 수의 십의 자리 숫자로 나눈 몫은 12이고 일의 자리 숫자로 나눈 몫은 6입니다. 어떤 수가 될 수 있는 수들의 합은 얼마입니까?

(   )

28 반지름이 3 cm인 원을 다음과 같이 맞닿게 그려서 바깥에 있는 원의 중심을 이어 사각형을 만들었습니다. 이와 같은 방법으로 사각형을 만들었을 때, 사각형의 네 변의 길이의 합이 168 cm가 되게 하려면, 원은 모두 몇 개 그려야 합니까?

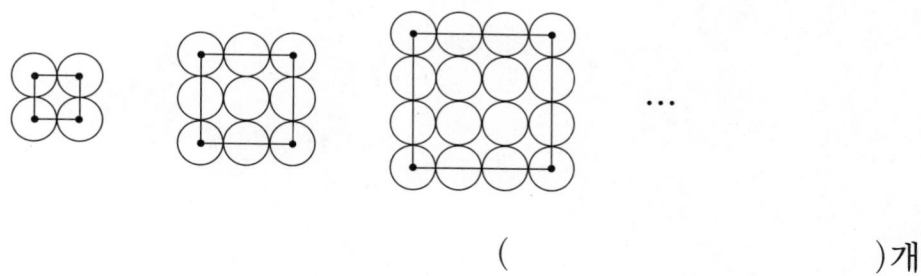

(   )개

29 놀이공원에 있는 남자 입장객은 전체 입장객의 $\frac{14}{21}$보다 3명 적고, 여자 입장객은 전체 입장객의 $\frac{5}{21}$보다 61명 더 많습니다. 놀이공원에 있는 남자 입장객과 여자 입장객을 다음과 같이 대분수로 나타낼 때, ㉠+㉡+㉢의 값을 구하시오.

$$\frac{(\text{남자 입장객 수})}{(\text{여자 입장객 수})} = ㉠\frac{㉢}{㉡}$$

(   )

30 다음과 같은 순서로 성냥개비를 나열할 때, 9번째 모양에서 사용한 성냥개비는 모두 몇 개입니까?

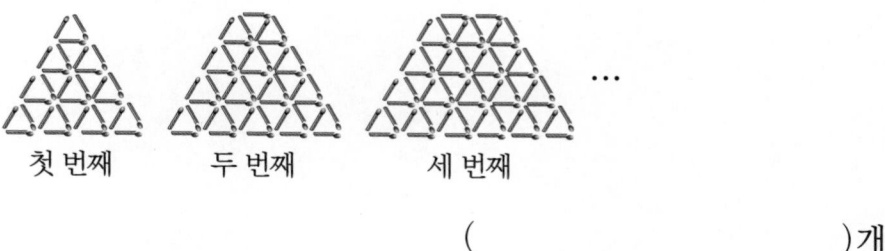

첫 번째   두 번째   세 번째

(   )개

KMA 한국수학학력평가

학 교 명:

성 명:

현재 학년:　　　반:

1. 모든 항목은 컴퓨터용 사인펜만 사용하여 보기와 같이 표기하시오.

   보기) ① ● ③

   ※ 잘못된 표기 예시 : ⊘ ⊗ ⊙ ⊘

2. 수정시에는 수정테이프를 이용하여 깨끗하게 수정합니다.

3. 수험번호(1), 생년월일(2)란에는 감독 선생님의 지시에 따라 아라비아 숫자로 쓰고 해당란에 표기하시오.

4. 답란에는 아라비아 숫자를 쓰고, 해당란에 표기하시오.

   ※ OMR카드를 잘못 작성하여 발생한 성적 결과는 책임지지 않습니다.

OMR 카드 답안작성 예시 1 한 자릿수	예1) 답이 1 또는 선다형 답이 ①인 경우 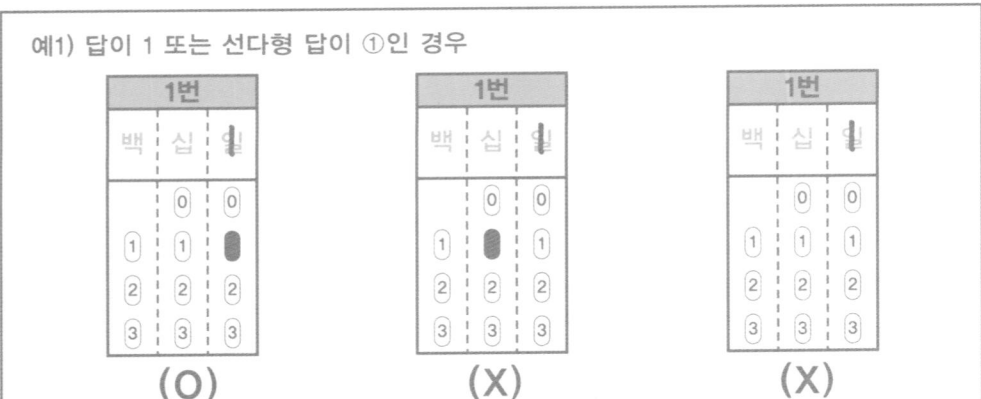
OMR 카드 답안작성 예시 2 두 자릿수	예2) 답이 12인 경우 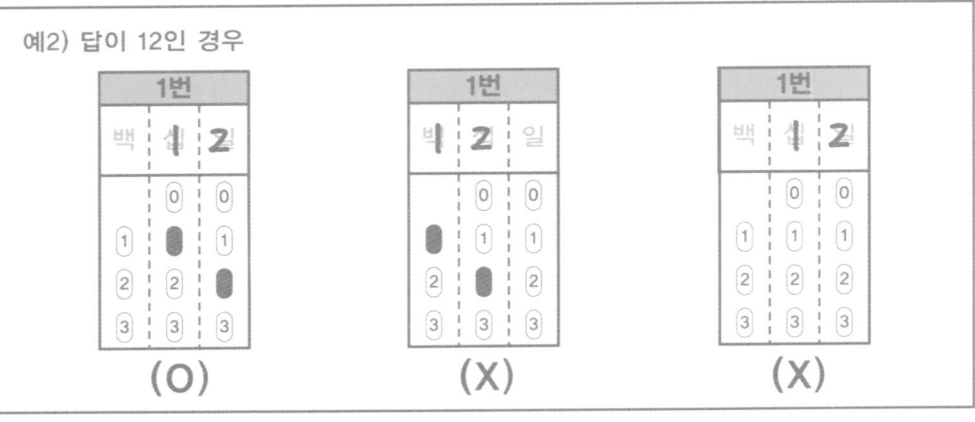
OMR 카드 답안작성 예시 3 세 자릿수	예3) 답이 230인 경우 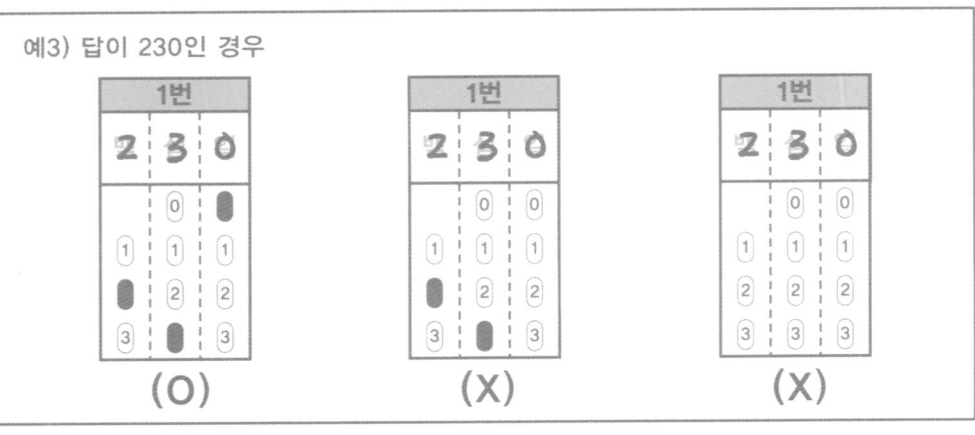

KMA 한국수학학력평가

학 교 명:

성 명:

현재 학년: 반:

수 험 번 호 (1)

생 년 월 일 (2)
년 / 월 / 일

감독자
확인란

1. 모든 항목은 컴퓨터용 사인펜만 사용하여 보기와 같이 표기하시오.
   보기) ① ● ③
   ※ 잘못된 표기 예시 : ⊘ ⊗ ⊙ ⊘
2. 수정시에는 수정테이프를 이용하여 깨끗하게 수정합니다.
3. 수험번호(1), 생년월일(2)란에는 감독 선생님의 지시에 따라 아라비아 숫자로 쓰고
   해당란에 표기하시오.
4. 답란에는 아라비아 숫자를 쓰고, 해당란에 표기하시오.
   ※ OMR카드를 잘못 작성하여 발생한 성적 결과는 책임지지 않습니다.

OMR 카드 답안작성 예시 1 한 자릿수	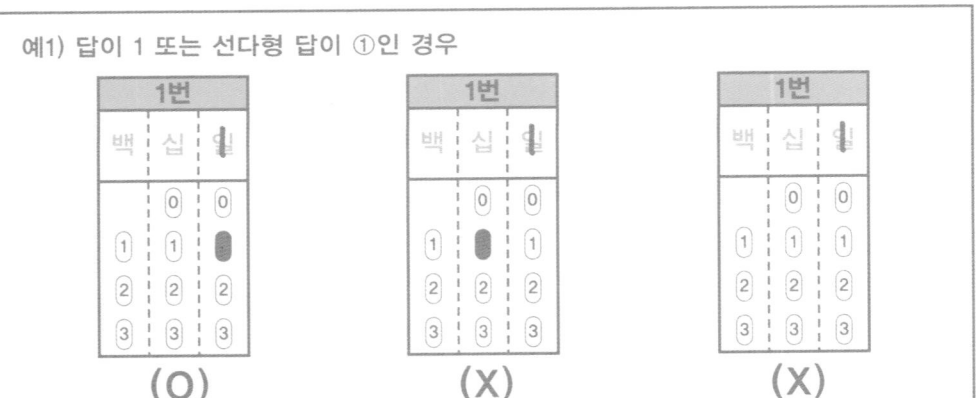

OMR 카드 답안작성 예시 2 두 자릿수	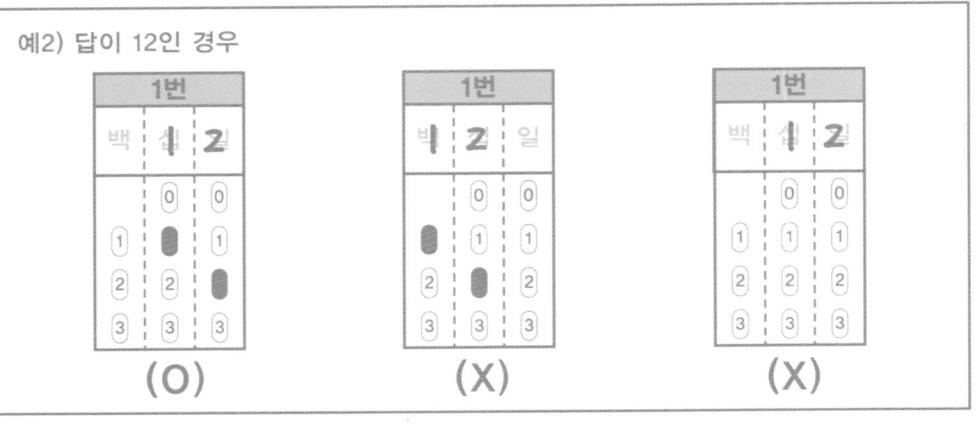

OMR 카드 답안작성 예시 3 세 자릿수	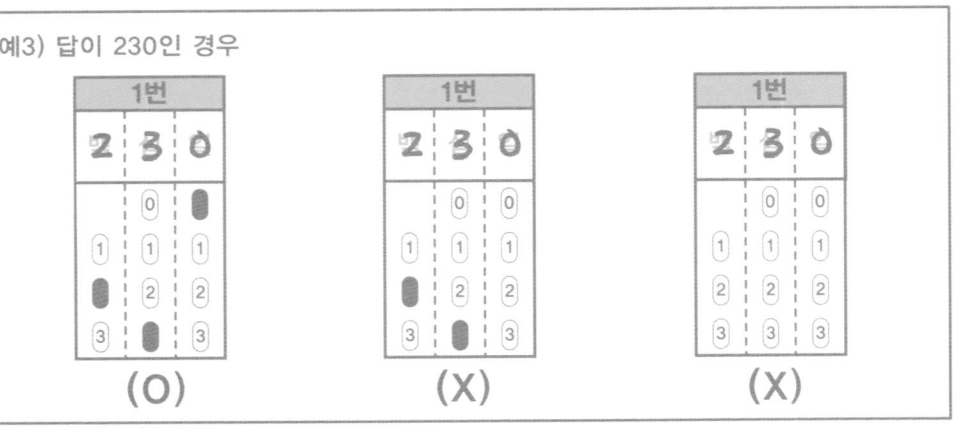

KMA
Korean Mathematics Ability Evaluation
한국수학학력평가

하반기 대비

정답과 풀이

초 3학년

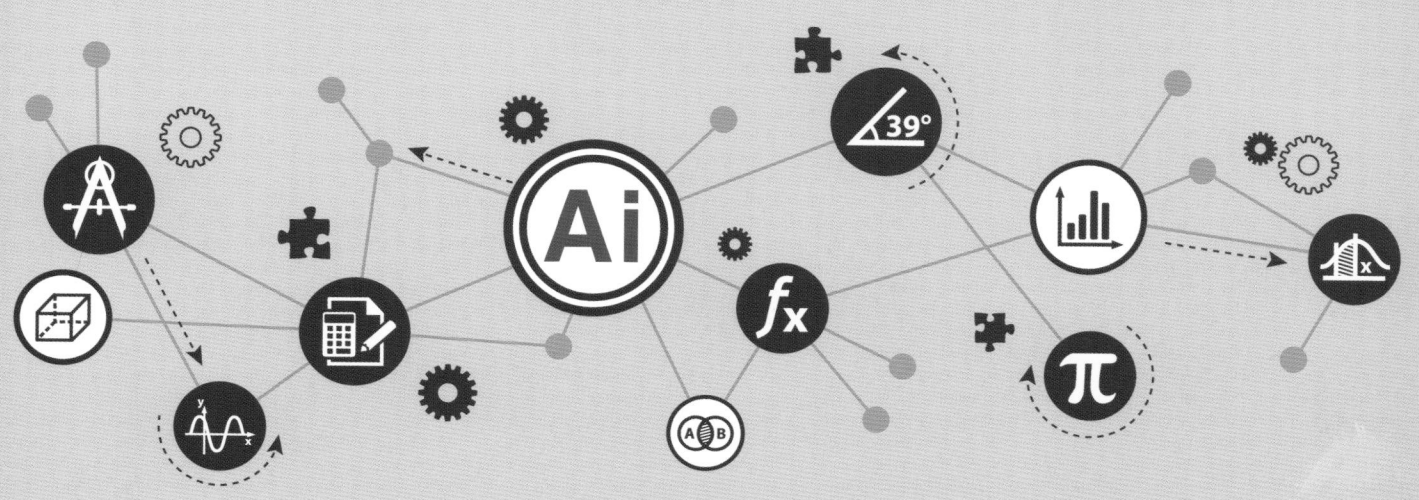

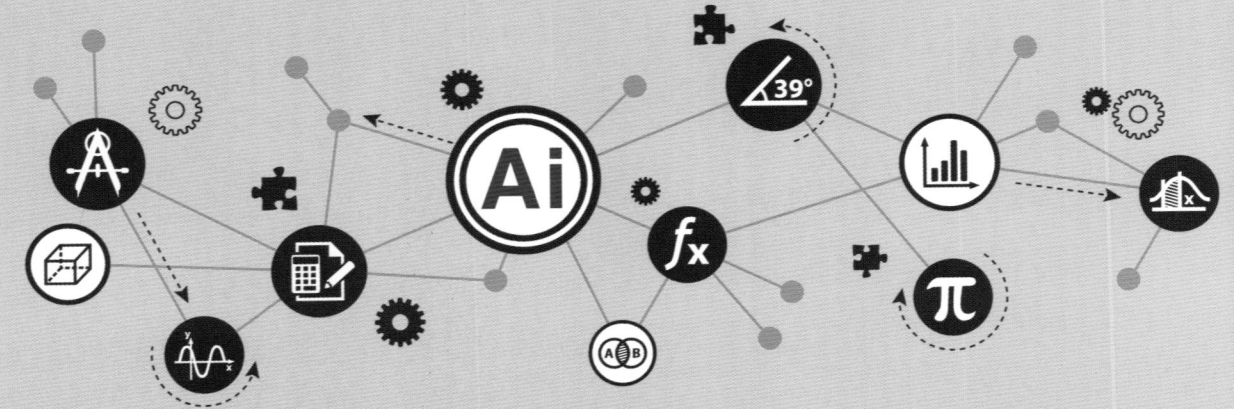

KMA

Korean Mathematics Ability Evaluation

한국수학학력평가

정답과 풀이

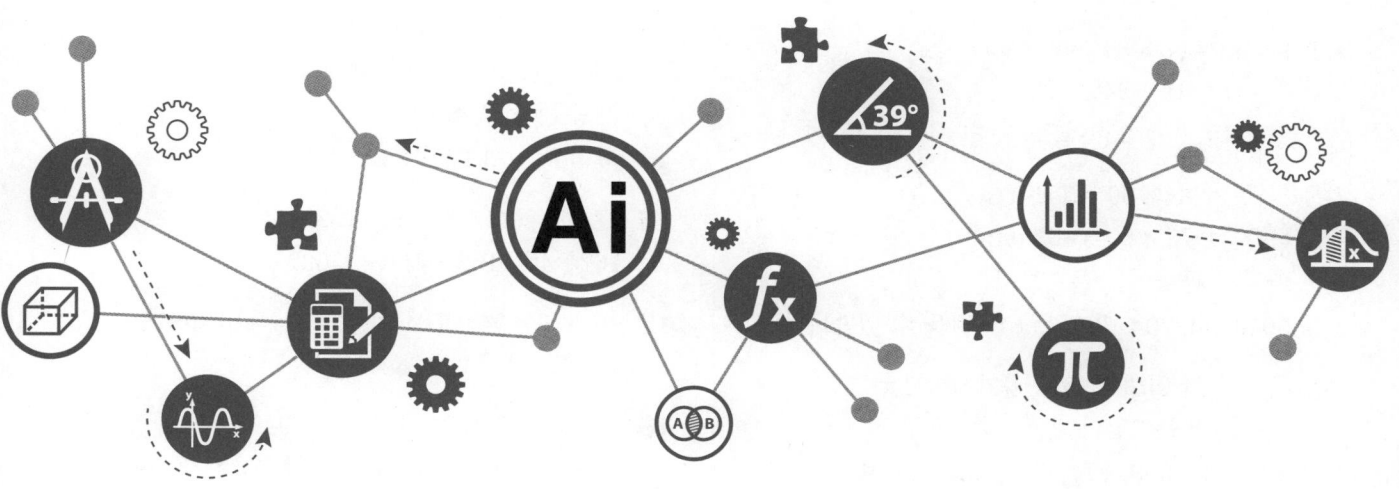

KMA 단원 평가

① 곱셈   8~17쪽

01 ④	**02** 624	**03** ③
04 ④	**05** 17	**06** 748
07 298	**08** 720	**09** 7
10 804	**11** 392	**12** 793
13 260	**14** 568	**15** 30
16 632	**17** 268	**18** 22
19 142	**20** 9	**21** 125
22 384	**23** 15	**24** 32
25 714	**26** 20	**27** 10
28 37	**29** 132	**30** 624

01 ① 1090   ② 1266   ③ 916
  ④ 1310   ⑤ 1008

02 $52 \times 12 = 624$

03 • $36 \times 20 = 720$, $26 \times 30 = 780$
  • $38 \times 21 = 798$, $57 \times 14 = 798$

04 ㉠ $50 \times 40 = 2000$ ㉡ $28 \times 69 = 1932$
  ㉢ $278 \times 6 = 1668$ ㉣ $31 \times 65 = 2015$

05 ㉠=2, ㉡=4, ㉢=4, ㉣=7이므로
  ㉠+㉡+㉢+㉣=2+4+4+7=17입니다.

06 (전체 사과 수)
  =(한 상자에 들어 있는 사과 수)×(상자 수)
  =$34 \times 22 = 748$(개)

07 $6 \times 43 = (6 \times 3) + (6 \times 40)$
      $= 18 + 240 = 258$
  ㉠=40, ㉡=258이므로 ㉠+㉡=298입니다.

08 (규형)=$84 \times 60 = 5040$(m)
  (은지)=$72 \times 60 = 4320$(m)
  따라서 규형이는 은지보다
  $5040 - 4320 = 720$(m) 더 걸을 수 있습니다.

09 □×□의 일의 자리 숫자가 9이므로
  □는 3 또는 7입니다.
  $333 \times 3 = 999$, $777 \times 7 = 5439$이므로
  알맞은 숫자는 7입니다.

10 ㉮ 창고 : $24 \times 16 = 384$
  ㉯ 창고 : $12 \times 35 = 420$
  이므로 ㉮ 창고와 ㉯ 창고에 들어 있는 우유는
  $384 + 420 = 804$(개)입니다.

11 색 테이프 30장을 붙이므로 겹치는 부분은
  29군데입니다.
  따라서 이어 붙인 색 테이프 전체의 길이는
  $(15 \times 30) - (2 \times 29) = 450 - 58 = 392$(cm)
  입니다.

12 가장 큰 수는 큰 숫자부터 차례로 쓰고, 가장
  작은 수는 작은 숫자부터 차례로 씁니다.
  단, 맨 앞자리에는 0이 올 수 없습니다.
  65, 63, <u>61</u>, 60, …, 16, 15, <u>13</u>, 10
  따라서 세 번째로 큰 수와 두 번째로 작은 수의
  곱은 $61 \times 13 = 793$입니다.

13 (연필 6자루의 값)=$640 \times 6 = 3840$(원)
  (지우개 5개의 값)=$580 \times 5 = 2900$(원)
  (거스름돈)=$7000 - (3840 + 2900) = 260$(원)

14 (꽃 한 송이를 만드는 데 필요한 색종이 수)
  =$15 \div 3 = 5$(장)
  따라서 사 온 색종이는 모두
  $108 \times 5 + 28 = 568$(장)입니다.

15 $77 \times 12 = 924$
  □ 안에 수를 차례로 넣어 식이 성립하는 수를
  찾습니다.
  $166 \times 9 = 1494$, $166 \times 8 = 1328$,
  $166 \times 7 = 1162$, $166 \times 6 = 996$,
  $166 \times 5 = 830$, …이므로 □ 안에 들어갈 수 있
  는 수는 6, 7, 8, 9입니다.
  ➡ $6 + 7 + 8 + 9 = 30$

16 $27 ◆ 9 = (27 - 9) \times 9 = 162$
  $162 ◆ 4 = (162 - 4) \times 4 = 632$

17 ㉮=$76 \times 94 = 7144$, ㉯=$764 \times 9 = 6876$
  ➡ ㉮−㉯=268

18 $1 \times 1 = 1$, $2 \times 2 = 4$, $3 \times 3 = 9$, …,
  $20 \times 20 = 400$, $21 \times 21 = 441$, $22 \times 22 = 484$,
  $23 \times 23 = 529$이므로 500보다 작은 제곱수는

1부터 22까지의 제곱수이므로 모두 22개입니다.

19 (레몬 맛 사탕)=$17\times63+11=1082$(개)
(딸기 맛 사탕)=$21\times59-15=1224$(개)
따라서 딸기 맛 사탕이 레몬 맛 사탕보다
$1224-1082=142$(개) 더 많습니다.

20 2시간은 120분입니다. 30분까지는 주차가 무료이므로 120분에서 30분을 제외한 90분에 대한 주차 요금을 계산합니다.
주차 요금은 10분마다 900원씩이므로 90분에 대한 주차 요금은 $900\times9=8100$(원)입니다.
따라서 2시간의 주차 요금은 8100원이므로
㉠+㉡+㉢+㉣$=8+1+0+0=9$입니다.

21 (상자에 들어 있는 공깃돌)
$=37\times15+23=578$(개)
학생 37명에게 공깃돌을 19개씩 주기 위해서는
$37\times19=703$(개)가 필요하므로
더 필요한 공깃돌의 수는 $703-578=125$(개)입니다.

22 곱이 가장 작은 경우 : $27\times58=1566$
곱이 두 번째로 작은 경우 : $28\times57=1596$
곱이 세 번째로 작은 경우 : $25\times78=1950$
➡ $1950-1566=384$

23 $(40+\square)\times(40-\square)=1375$이므로
$40+\square$나 $40-\square$의 일의 자리 숫자는 5로 생각할 수 있습니다.
$\square$가 5일 때 : $(40+5)\times(40-5)$
$=45\times35=1575$
$\square$가 15일 때 : $(40+15)\times(40-15)$
$=55\times25=1375$
따라서 $\square$ 안에 알맞은 수는 15입니다.

24 오후 2시부터 오후 4시 40분까지는
$60\times2+40=160$(분)입니다.
㉮ 자동차는 10분에 12 km씩 갔고, 160분은 10분씩 16번이므로 ㉮ 자동차가 간 거리는
$12\times16=192$(km)입니다.
㉯ 자동차는 5분에 7 km, 10분에 14 km씩 갔으므로 ㉯ 자동차가 간 거리는

$14\times16=224$(km)입니다.
➡ $224-192=32$(km)

별해 10분에 $14-12=2$(km)씩 차이가 생기므로 160분 동안에는 $2\times16=32$(km) 차이가 납니다.

25 ★의 규칙을 알아보면
(앞의 수-2)$\times$(뒤의 수)의 계산이므로
$23★34=(23-2)\times34$
$=21\times34=714$입니다.

26 $32\times51=1632$, $32\times52=1664$,
$32\times53=1696$, $32\times54=1728$이므로
$32\times\square<1700$에서 $\square$ 안에 알맞은 두 자리 수는 10부터 53까지의 수입니다.
$75\times31=2325$, $75\times32=2400$,
$75\times33=2475$, $75\times34=2550$이므로
$2500<75\times\square$에서 $\square$ 안에 알맞은 두 자리 수는 33보다 큰 수입니다.
따라서 공통으로 들어갈 수 있는 두 자리 수는 34부터 53까지이므로
$53-34+1=20$(개)입니다.

27 걸은 거리 : $80\times25=2000$(m)
자전거로 이동한 거리 : $250\times32=8000$(m)
➡ 2000 m+8000 m=2 km+8 km
$=10$ km

28 15 m=1500 cm이고 한 장을 더 이어 붙일 때마다 41 cm씩 더 늘어납니다.
$45+41\times35=1480$, $45+41\times36=1521$
이므로 36장을 붙이면 14 m 80 cm, 37장을 붙이면 15 m 21 cm가 되어 15 m보다 길게 하려면 적어도 37장을 붙여야 합니다.

29 일의 자리 숫자끼리 곱한 ㉡$\times$㉠의 일의 자리 숫자가 2이므로
㉠$\times$㉡은 1×2, 2×6, 3×4, 4×8, 6×7, 8×9 중 하나입니다.
$12\times21=252$, $26\times62=1612$,
$34\times43=1462$, $48\times84=4032$,
$67\times76=5092$, $\cdots$

이므로 ㉠㉡×㉡㉠=48×84=4032이고
㉠㉡＋㉡㉠=132입니다.

30 ㉮ 상자의 구슬 수 : 208×9=1872(개)
㉯ 상자의 구슬 수 : 351×4=1404(개)
유승이가 ㉯ 상자에서 9개씩 꺼낸 횟수를
㉠㉡㉢, 한솔이가 ㉮ 상자에서 4개씩 꺼낸 횟
수를 ㉣㉤㉥이라고 하면

```
    ㉠ ㉡ ㉢          ㉣ ㉤ ㉥
  ×       9        ×       4
 ─────────        ─────────
  1 4 0 4          1 8 7 2
```

따라서 ㉠㉡㉢=156, ㉣㉤㉥=468이므로
유승이와 한솔이가 꺼낸 횟수의 합은
156＋468=624(번)입니다.

② 나눗셈 18~27쪽

01 ④	**02** 15	**03** ③
04 ④	**05** 110	**06** 16
07 12	**08** 29	**09** 5
10 49	**11** 9	**12** ④
13 17	**14** 17	**15** 6
16 156	**17** 11	**18** 1
19 16	**20** 99	**21** 16
22 9	**23** 13	**24** 12
25 4	**26** 48	**27** 10
28 782	**29** 32	**30** 9

01 나눗셈에서 나머지는 항상 나누는 수보다
작습니다.

02 90÷2=45, 45÷3=15

03 ① 77÷8=9…5 ② 59÷6=9…5
③ 88÷9=9…7 ④ 50÷9=5…5
⑤ 61÷7=8…5

04 ① 96÷6=16 ② 56÷4=14
③ 99÷9=11 ④ 75÷5=15
⑤ 34÷2=17
➡ ⑤>①>④>②>③

05 ㉠ □÷9=11…5, □=9×11+5=104

㉡ □×8+1=49
□×8=48, □=48÷8=6
➡ 104＋6=110

06 (전체 철사의 길이)=9×12+4=112(cm)
112÷7=16이므로 16도막이 됩니다.

07 (88−4)÷7=12(cm)

08
```
    ㉠ ㉡
 6)㉢ ㉣
    6
  ─────
    2 ㉤
      ㉥ 4
  ─────
      3
```
6×㉠=6, ㉠=1
㉢−6=2, ㉢=8
2㉤−㉥4=3,
㉣=㉤=7, ㉥=2
6×㉡=24, ㉡=4
➡ 1+4+8+7+7+2=29

09 79÷7=11…2이므로 11장씩 나누어 주면 2
장이 남습니다. 따라서 색종이 5장이 더 있으
면 모두에게 남는 색종이가 없이 똑같게 나누
어 줄 수 있습니다.

10 (책의 쪽수)=14×7=98(쪽)
(예슬이가 하루에 읽은 쪽수)
=98÷2=49(쪽)

11 십의 자리 숫자가 2인 두 자리 수
중에서 7로 나누어떨어지는 수는
21과 28이므로 ㉠=1, 8입니다.
따라서 ㉠이 될 수 있는 숫자들의
합은 1＋8=9입니다.
```
      6□
 7)4 4 ㉠
   4 2
  ─────
   2 ㉠
```

12 81÷3=27, 27×4=108

13 가장 큰 몫 : 75÷3=25
가장 작은 몫 : 24÷3=8
➡ 25−8=17

14 사과를 8개씩 13상자에 담으려면 2개가 부족하
므로 사과의 수는 8×13−2=102(개)입니다.
따라서 사과 102개를 한 상자에 6개씩 담으면
102÷6=17이므로 17상자입니다.

15 66÷7=9…3
(66−3)÷4=15…3
따라서 빠진 사람은 모두 3＋3=6(명)입니다.

16 (가로)=84÷7=12(장),
(세로)=65÷5=13(장)이므로
12×13=156(장) 만들 수 있습니다.

17 $119 \div 7 = 17$, $261 \div 9 = 29$이므로
$17 < \square < 29$에서 $\square$ 안에 들어갈 수 있는 자연수는 18부터 28까지 11개입니다.

18 2로 나누었을 때의 나머지는 0 또는 1입니다. 어떤 수는 $4 \times \square + 3$이고, 이 수를 2로 나누면 $4 \times \square$는 2로 나누어떨어지므로 나머지가 없고, 3은 2로 나누면 나머지가 1입니다. 따라서 어떤 수를 2로 나누면 나머지가 1입니다.

19 (어떤 수)$\div 9 = 9 \cdots 7$
(어떤 수)$= 9 \times 9 + 7 = 88$
바르게 계산하면 $88 \div 7 = 12 \cdots 4$이므로
몫은 12이고, 나머지는 4입니다.
➡ (몫)$+$(나머지)$= 12 + 4 = 16$

20 (귤의 수)$= 44 \times 18 = 792$(개)
따라서 모두 $792 \div 8 = 99$(명)에게 나누어 줄 수 있습니다.

21 색종이를 5장씩 나누어 주고 난 후 다시 1장씩 나누어 주었으므로 학생 한 명에게 6장씩 나누어 준 것입니다.
전체 색종이는 $12 \times 8 = 96$(장)이므로 색종이를 받은 학생은 $96 \div 6 = 16$(명)입니다.

22 $7 \times \bigcirc = 2\square$를 만족하는 경우는
$7 \times 3 = 21$, $7 \times 4 = 28$이므로 $\square$ 안에 들어갈 수 있는 숫자는 1, 8입니다.
➡ $1 + 8 = 9$

$$\begin{array}{r} 1\,\bigcirc \\ 7\overline{)9\,\square} \\ 7 \\ \hline 2\,\square \\ 2\,\square \\ \hline 0 \end{array}$$

23 테이프 7개를 이어 붙이면 겹쳐지는 부분은 6곳입니다.
$(127 \times 7) - 811 = 78$(cm)
$78 \div 6 = 13$(cm)이므로 겹쳐지는 부분 한 곳의 길이는 13 cm입니다.

24 두 수의 차가 77이므로 큰 수는 작은 수보다 77만큼 큽니다. 작은 수를 ◉라고 하면 큰 수는 ◉$+77$이고 두 수의 합이 91이므로
◉$+$◉$+77 = 91$입니다.
◉$+$◉$= 91 - 77 = 14$이므로
◉$= 7$이고, ◉$+77 = 84$입니다.
➡ $84 \div 7 = 12$

25 나누어떨어진다는 것은 나머지가 없는 경우입니다.
$36 \div 4 = 9$, $60 \div 4 = 15$, $68 \div 4 = 17$,
$80 \div 4 = 20$

26 작은 수를 ★라 하면, 큰 수는 ★$+34$입니다.
큰 수를 작은 수로 나누었을 때 몫이 5이고, 나머지가 6이므로 ★$\times 5 + 6 =$ ★$+34$에서
작은 수인 ★$= 7$이고,
큰 수인 ★$+34 = 7 + 34 = 41$입니다.
따라서 두 수의 합은 $7 + 41 = 48$입니다.

27 $6\bigcirc 7 \div 8 = 7\bigcirc \cdots 3$에서
$7\bigcirc \times 8 = 6\bigcirc 7 - 3 = 6\bigcirc 4$입니다.
$\bigcirc \times 8$의 일의 자리 숫자가 4가 되려면
$\bigcirc$은 3 또는 8이 되어야 하고
$6\bigcirc 7 = 8 \times 73 + 3 = 587(\times)$,
$6\bigcirc 7 = 8 \times 78 + 3 = 627(\bigcirc)$
에서 $\bigcirc$은 2입니다.
따라서 $\bigcirc$이 8일 때 $\bigcirc$은 2이므로
$\bigcirc + \bigcirc = 2 + 8 = 10$입니다.

28 ㉮가 가장 크기 위해서는 ㉯도 가장 커야 하므로 ㉯는 한 자리 수 중 가장 큰 수인 9입니다.
㉮$= 9 \times 86 + 8 = 782$

29 $\bigcirc \div \bigcirc \times \bigcirc = 28$에서 $\bigcirc \div \bigcirc = 28 \div \bigcirc$
$\bigcirc \div \bigcirc - \bigcirc = 3$에서 $\bigcirc \div \bigcirc = 3 + \bigcirc$이므로
$28 \div \bigcirc = 3 + \bigcirc$에서 $\bigcirc = 4$입니다.
$\bigcirc \div \bigcirc = 28 \div 4 = 7$에서 $\bigcirc = 7 \times \bigcirc$이고
$\bigcirc + \bigcirc = 48$에서 $7 \times \bigcirc + \bigcirc = 8 \times \bigcirc = 48$
이고 $\bigcirc = 48 \div 8 = 6$이므로
$\bigcirc = 48 - 6 = 42$입니다.
따라서 $\bigcirc - \bigcirc - \bigcirc = 42 - 6 - 4 = 32$입니다.

30 $10 < ㉮ < ㉯ < 30$이고 ㉮$+$㉯$=$㉰이므로
$11 + 12 = 23$, $28 + 29 = 57$에서
$23 < ㉰ < 57$입니다.
㉰는 4로 나누어떨어지는 수이므로
24, 28, 32, 36, 40, 44, 48, 52, 56
으로 9개입니다.

③ 원 28~37쪽

01 ⑤	**02** ④	**03** 5
04 8	**05** 8	**06** 54
07 35	**08** 5	**09** 48
10 8	**11** 56	**12** 9
13 9	**14** 128	**15** 29
16 20	**17** 6	**18** 36
19 10	**20** 80	**21** 28
22 1	**23** 35	**24** 19
25 96	**26** 114	**27** 91
28 6	**29** 310	**30** 3

01 한 원에서 지름은 무수히
많이 그릴 수 있습니다.

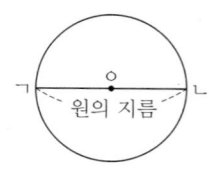

02 ⓒ 지름이 $6 \times 2 = 12$(cm)인 원

03

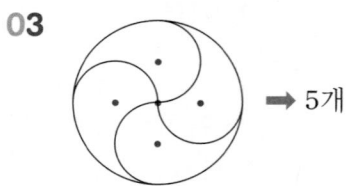

➡ 5개

04 두 원의 반지름의 합을 구합니다.
➡ $3 + 5 = 8$(cm)

05 가장 큰 원의 지름의 길이는 두 개의 작은 원의
지름의 길이의 합과 같습니다.
따라서 가장 큰 원의 지름은
$6 + 6 + 2 + 2 = 16$(cm)이므로
반지름은 $16 \div 2 = 8$(cm)입니다.

06 반지름이 9 cm인 원이므로 ㉠은 반지름의
4배, ⓒ은 지름의 길이와 같습니다.
따라서 ㉠$= 9 \times 4 = 36$, ⓒ$= 9 \times 2 = 18$이므로
㉠$+$ⓒ$= 36 + 18 = 54$입니다.

07 원의 반지름은 $10 \div 2 = 5$(cm)이고,
선분 ㄱㄴ의 길이는 반지름의 7배이므로
$5 \times 7 = 35$(cm)입니다.

08 직사각형의 네 변의 길이의 합은 원의 지름의
길이의 10배이므로 원의 지름의 길이는
$50 \div 10 = 5$(cm)입니다.

09 가장 작은 원의 반지름이 6 cm이므로 가장 큰
원의 반지름은 $6 + 6 + 6 + 6 = 24$(cm)이고,
가장 큰 원의 지름은 $24 \times 2 = 48$(cm)입니다.

10 (작은 원의 지름의 길이)
$=$(큰 원의 지름의 길이)$\div 3$
$= 12 \times 2 \div 3$
$= 24 \div 3 = 8$(cm)

11 한 원에서 반지름은 모두 같으므로
선분 ㄱㄴ, 선분 ㄷㄴ의 길이는 18 cm이고,
선분 ㄱㄹ, 선분 ㄷㄹ의 길이는 10 cm입니다.
따라서 사각형 ㄱㄴㄷㄹ의 네 변의 길이의 합
은 $18 + 18 + 10 + 10 = 56$(cm)입니다.

12 삼각형의 한 변의 길이는 원의 지름의 길이와
같으므로 $27 \div 3 = 9$(cm)입니다.

13 선분 ㄱㄴ, 선분 ㄴㄷ, 선분 ㄷㄹ, 선분 ㄹㄱ,
선분 ㄴㄹ은 모두 반지름입니다.
반지름은 $36 \div 4 = 9$(cm)이므로 선분 ㄴㄹ의
길이는 9 cm입니다.

14 정사각형 ㄱㄴㄷㄹ의 한 변의 길이는 가장 큰
원의 지름과 같습니다.
가장 큰 원의 반지름은 두 번째 큰 원의 지름과
같고, 두 번째 큰 원의 반지름은 가장 작은 원
의 지름과 같습니다.
가장 작은 원의 지름은 8 cm이고, 두 번째 큰
원의 지름은 $8 \times 2 = 16$(cm), 가장 큰 원의 지
름은 $16 \times 2 = 32$(cm)입니다.
따라서 정사각형 ㄱㄴㄷㄹ의 한 변의 길이는
32 cm이므로 네 변의 길이의 합은
$32 \times 4 = 128$(cm)입니다.

15

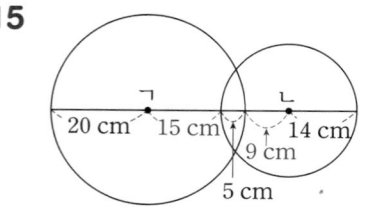

(선분 ㄱㄴ의 길이)
$= 20 + 14 - 5 = 29$(cm)

16 선분 ㄱㄴ과 선분 ㄷㄱ이 원의 반지름이므로 길이가 같습니다.
(원의 반지름)=(31-11)÷2=10(cm)
(원의 지름의 길이)=10×2=20(cm)

17 삼각형의 둘레의 길이는 16×3=48(cm)이고, 48 cm로 한 개의 정사각형을 만들면 정사각형의 한 변의 길이는 48÷4=12(cm)입니다.
이 정사각형 안에 가장 큰 원을 그리면 지름이 12 cm이므로 반지름은 6 cm입니다.

18 (큰 원의 반지름)=14÷2=7(cm)
(작은 원의 지름의 길이)
=(48-14-14)÷2=10(cm)
(작은 원의 반지름)=10÷2=5(cm)
(선분 ㄱㄹ의 길이)
=5+7+7+5+5+7=36(cm)
별해 직사각형의 가로 길이에서 작은 원의 반지름과 큰 원의 반지름을 뺍니다.
(선분 ㄱㄹ의 길이)=48-5-7
=36(cm)

19 굵은 선의 길이는 지름의 길이의 20배와 같습니다.
따라서 지름의 길이는 200÷20=10(cm)입니다.

20 (선분 ㄱㄴ)=16÷2=8(cm)
(선분 ㄴㄷ)=16+7=23(cm)
(선분 ㄷㄹ)=7+17=24(cm)
(선분 ㄹㄱ)=17+8=25(cm)
이므로 사각형 ㄱㄴㄷㄹ의 네 변의 길이의 합은 8+23+24+25=80(cm)입니다.

21 삼각형 ㄱㄴㄷ의 세 변의 길이의 합은 원 ㉯의 반지름의 8배입니다.
(원 ㉯의 반지름)=56÷8=7(cm)
(원 ㉮의 반지름)=7×2=14(cm)
(원 ㉮의 지름의 길이)=14×2=28(cm)

22 직사각형 ㄱㄴㄷㄹ의 네 변의 길이의 합은 큰 원의 지름의 길이의 12배와 같습니다.
또, 큰 원의 지름의 길이는 작은 원의 지름의 길이의 2배입니다.

따라서 작은 원의 반지름은
48÷12÷2÷2=1(cm)입니다.

23 (선분 ㄱㄷ의 길이)=13 cm
(선분 ㄷㄴ의 길이)=7 cm
(선분 ㄱㄴ의 길이)=13+7-5=15(cm)
따라서 삼각형 ㄱㄴㄷ의 세 변의 길이의 합은 13+7+15=35(cm)입니다.

24 (반지름)×{(원의 수)+1}=80(cm)
4×{(원의 수)+1}=80(cm)
(원의 수)+1=20
따라서 원은 모두 19개입니다.

25 끈의 길이는 반지름이 8 cm인 원의 둘레와 원의 지름과 길이가 같은 선분 3개를 합한 것이므로 (8×2×3)+(16×3)=48+48=96(cm)입니다.

26 원을 25개 늘어놓으면 ⊙에 ◯◯ 모양이 12번 반복됩니다.
ㄱ—◉—ㄴ 선분 ㄱㄴ의 길이는 3×2=6(cm),
ㄷ◯◯ㄹ 선분 ㄷㄹ의 길이는 3×3=9(cm)
이므로 직사각형의 가로는
6+9×12=114(cm)입니다.

27 삼각형의 한 변의 길이는 288÷3=96(cm)이고, 원의 지름의 96÷(4×2)=12(배)입니다.
한 변이 지름의 1배일 때,
그린 원의 개수는 (1+2)개이고
한 변이 지름의 2배일 때,
그린 원의 개수는 (1+2+3)개
한 변이 지름의 3배일 때,
그린 원의 개수는 (1+2+3+4)개이므로
한 변이 지름의 12배일 때, 그린 원의 개수는
1+2+3+…+13=(1+13)×13÷2
=91(개)입니다.

28 한 원에서 반지름은 모두 같으므로
(선분 ㄷㄹ)=(선분 ㄷㅂ)=12(cm)
(선분 ㄴㅂ)=(선분 ㄴㅁ)=15-12=3(cm)
(선분 ㄱㅁ)=(선분 ㄱㅇ)=12-3=9(cm)

KMA 정답과 풀이

(선분 ㅇㄹ)=(선분 ㄹㅅ)=15−9=6(cm)
따라서 선분 ㄷㅅ의 길이는
12−6=6(cm)입니다.

29 큰 고리 1개와 작은 고리 4개가 반복되는 규칙이 있습니다.
큰 고리 1개와 작은 고리 4개의 안쪽 지름의 합은 16+12×4=64(cm),
고리 24개는 5개씩 4묶음과 4개의 합이므로 목걸이의 최대 길이는
64×4+16+12×3+1+1=310(cm)입니다.

30 삼각형 ㄱㄴㄷ의 둘레는 3개의 원의 반지름의 2배와 4 cm의 합입니다.
3개의 원의 반지름의 합은
(40−4)÷2=18(cm)이므로
선분 ㄴㄷ의 길이는 18−8=10(cm)입니다.
따라서 선분 ㄴㅁ의 길이는
(40−10)÷2−8−4=3(cm)입니다.

④ 분수　　　　　　　　38~47쪽

01 6	**02** 2	**03** 4
04 21	**05** 39	**06** 96
07 5	**08** ④	**09** 13
10 ③	**11** 400	**12** 40
13 10	**14** 5	**15** 2
16 11	**17** ③	**18** 11
19 35	**20** 6	**21** 340
22 27	**23** 575	**24** 21
25 21	**26** 60	**27** 72
28 203	**29** 17	**30** 30

01 15의 $\frac{2}{5}$는 15를 똑같이 5로 나눈 것 중의 2이므로 6입니다.

02 ㉠ 5 ㉡ 7
따라서 ㉠과 ㉡에 알맞은 수의 차는
㉡−㉠=7−5=2입니다.

03 (친구에게 준 붙임 딱지의 수)
=32의 $\frac{1}{8}$=4(장)

04 (예슬이에게 준 구슬의 수)=27의 $\frac{2}{9}$=6(개)
따라서 영수에게 남은 구슬은 27−6=21(개)입니다.

05 49의 $\frac{5}{7}$는 35입니다.
따라서 상연이가 가지고 있는 동화책은
35+4=39(권)입니다.

06 (가로의 길이)=36 cm
(세로의 길이)=36의 $\frac{2}{6}$=12(cm)
따라서 직사각형의 네 변의 길이의 합은
36+12+36+12=96(cm)입니다.

07 ■ 분수 중에서 ■=4, ▲=6이므로
$4\frac{●}{6}$입니다.
따라서 $\frac{●}{6}$는 진분수이므로
$4\frac{1}{6}$, $4\frac{2}{6}$, $4\frac{3}{6}$, $4\frac{4}{6}$, $4\frac{5}{6}$입니다.

09 분모가 8인 가분수이므로 분자가 될 수 있는 수는 8부터 20까지의 수입니다.
➡ 20−8+1=13(개)

10 분수의 크기는 분모가 같을 때에는 가분수에서는 분자의 크기로, 대분수에서는 자연수의 크기와 분자의 크기로 비교합니다.

11 3200의 $\frac{1}{8}$은 400이고 $\frac{7}{8}$은 2800입니다.
따라서 남은 돈은 3200−2800=400(원)입니다.

12

어떤 수는 15의 6배인 수이므로
15×6=90입니다.
따라서 90의 $\frac{4}{9}$는 40입니다.

13 (어머니의 연세)=45의 $\frac{8}{9}$=40(세)

(동민이의 나이)=40의 $\frac{2}{8}$=10(살)

14 (빨간색 구슬의 수)=60의 $\frac{1}{6}$=10(개)

(파란색 구슬의 수)=60의 $\frac{3}{4}$=45(개)

따라서 노란색 구슬은 60−10−45=5(개)입니다.

15 만들 수 있는 가장 작은 대분수는 $1\frac{2}{7}$이고 가분수로 나타내면 $1\frac{2}{9}=\frac{9}{7}$입니다.

따라서 ㉠=9, ㉡=7이므로 ㉠−㉡=2입니다.

16 나는 가장 작은 수, 가는 가장 큰 수이어야 합니다.

따라서 가장 큰 가분수는 $\frac{14}{5}$이므로 구하는 분수는 $2\frac{4}{5}$입니다.

➡ ㉠+㉡+㉢=2+5+4=11

17 분자가 같은 $\frac{2}{7}$, $\frac{2}{5}$, $\frac{2}{4}$를 비교하면 분모가 작을수록 큰 분수이므로 $\frac{2}{4}>\frac{2}{5}>\frac{2}{7}$입니다.

분모가 같으면 분자가 클수록 큰 분수이므로 $\frac{2}{7}>\frac{1}{7}$, $\frac{3}{4}>\frac{2}{4}$입니다.

따라서 $\frac{3}{4}>\frac{2}{4}>\frac{2}{5}>\frac{2}{7}>\frac{1}{7}$이므로 셋째로 큰 분수는 $\frac{2}{5}$입니다.

18 $\frac{1}{2}$, $1=\frac{2}{2}$, $\frac{1}{3}$, $\frac{2}{3}$, $1=\frac{3}{3}$, $\frac{1}{4}$, $\frac{2}{4}$, $\frac{3}{4}$, $1=\frac{4}{4}$, …로 나타낼 수 있습니다.

분모가 2인 분수는 2개, 분모가 3인 분수는 3개, 분모가 4인 분수는 4개, …이고, 2+3+4+5+6+7=27이므로 30번째 수는 분모가 8인 분수 중에서 3번째 수이므로 $\frac{3}{8}$입니다.

➡ ■+▲=8+3=11

19

나는 42의 $\frac{1}{6}$이므로 7입니다.

따라서 가는 7×5=35입니다.

20 $\frac{\square}{7}$인 가분수 중에서 5보다 크고 7보다 작은 분수는 $\frac{36}{7}$, $\frac{37}{7}$, …, $\frac{47}{7}$, $\frac{48}{7}$입니다.

이 중에서 대분수로 나타내면 분자가 3보다 큰 분수는

$\frac{39}{7}\left(=5\frac{4}{7}\right)$, $\frac{40}{7}\left(=5\frac{5}{7}\right)$, $\frac{41}{7}\left(=5\frac{6}{7}\right)$,

$\frac{46}{7}\left(=6\frac{4}{7}\right)$, $\frac{47}{7}\left(=6\frac{5}{7}\right)$, $\frac{48}{7}\left(=6\frac{6}{7}\right)$

입니다.

21 ◆는 5, 6, 7, 8, 9이므로 주어진 대분수는 $5\frac{5}{9}$, $6\frac{5}{9}$, $7\frac{5}{9}$, $8\frac{5}{9}$, $9\frac{5}{9}$이고 가분수로 나타내면 $\frac{50}{9}$, $\frac{59}{9}$, $\frac{68}{9}$, $\frac{77}{9}$, $\frac{86}{9}$입니다.

따라서 ♥가 될 수 있는 수의 합은 50+59+68+77+86=340입니다.

22 ㉮=90÷2×3=135, ㉯=90÷5×6=108

㉮−㉯=135−108=27

23 (1) 첫째 날 : 243번

(2) 둘째 날 : 243의 $\frac{2}{3}$는 162이므로

162+8=170(번)

(3) 마지막 날 : 170의 $\frac{4}{5}$는 136이므로

136+26=162(번)

따라서 3일 동안 넘은 줄넘기 수는 243+170+162=575(번)입니다.

24 범위를 나누어서 개수를 알아봅니다.

• $3\frac{3}{6}<\square\frac{\square}{6}<4$

➡ $3\frac{4}{6}$, $3\frac{5}{6}$ (2개)

• $4<\square\frac{\square}{6}<5$

➡ $4\frac{1}{6}$, $4\frac{2}{6}$, $4\frac{3}{6}$, $4\frac{4}{6}$, $4\frac{5}{6}$ (5개)

• $5<\square\frac{\square}{6}<6$

KMA 정답과 풀이

$\Rightarrow 5\frac{1}{6}, 5\frac{2}{6}, 5\frac{3}{6}, 5\frac{4}{6}, 5\frac{5}{6}$ (5개)

• $6<\square\frac{\square}{6}<7$

$\Rightarrow 6\frac{1}{6}, 6\frac{2}{6}, 6\frac{3}{6}, 6\frac{4}{6}, 6\frac{5}{6}$ (5개)

• $7<\square\frac{\square}{6}<7\frac{5}{6}$

$\Rightarrow 7\frac{1}{6}, 7\frac{2}{6}, 7\frac{3}{6}, 7\frac{4}{6}$ (4개)

$\Rightarrow 2+5\times3+4=21$(개)

25 (분자)÷9=7 ⋯ 6이므로
(분자)=7×9+6=69입니다.
어떤 가분수는 $\frac{69}{8}$ 이므로 대분수로 나타내면
$8\frac{5}{8}$ 입니다.

따라서 $\bigcirc\frac{\bigcirc}{\bigcirc}=8\frac{5}{8}$ 이므로
㉠+㉡+㉢=8+8+5=21입니다.

26 • $\frac{\bigstar}{24}$ 은 진분수이므로 ★<24입니다.

• $\frac{9}{\bigstar}$ 는 진분수이므로 ★>9입니다.

• $\frac{\bigstar}{15}$ 은 진분수이므로 ★<15입니다.

따라서 조건을 모두 만족하는 자연수 ★은 9보다 크고 15보다 작은 수이므로 ★이 될 수 있는 수들의 합은 10+11+12+13+14=60입니다.

27 ●×★=34−4=30이고 ★은 4보다 큰 수입니다.

●×★		●+★
1×30=30	➡	1+30=31
2×15=30	➡	2+15=17
3×10=30	➡	3+10=13
5×6=30	➡	5+6=11
6×5=30	➡	6+5=11

따라서 ㉮가 될 수 있는 수는 31, 17, 13, 11 이므로 합을 구하면 31+17+13+11=72입니다.

28 대분수를 가분수로 고친 후 늘어놓으면
$\frac{3}{4}, \frac{5}{4}, \frac{7}{4}, \frac{9}{4}, \frac{11}{4}, \frac{13}{4}, \cdots$ 이므로
분자가 2씩 커지는 규칙이 있고 99번째에 놓이

는 분수는 가분수입니다.
99번째 놓이는 분수의 분자는
2×99+1=199이므로
99번째 놓이는 분수의 분모와 분자의 합은
199+4=203입니다.

29 $\frac{\bigoplus}{\bigoplus}$ 를 대분수로 나타내려면 ㉮<㉯이어야 합니다.

• $\frac{7, 8, 9, 10, 11}{4}$ 에서 $\frac{8}{4}=2$로 자연수이므로 대분수는 4가지

• $\frac{7, 8, 9, 10, 11}{5}$ 에서 $\frac{10}{5}=2$로 자연수이므로 대분수는 4가지

• $\frac{7, 8, 9, 10, 11}{6}$ 에서 대분수는 5가지

• $\frac{8, 9, 10, 11}{7}$ 에서 대분수는 4가지

$\Rightarrow 4+4+5+4=17$(가지)

30 분자가 1, 2, 3, 4가 반복되므로 4개씩 분수를 묶어서 나타내면

첫 번째 묶음은 $\left(\frac{1}{5}, \frac{2}{5}, \frac{3}{5}, \frac{4}{5}\right)$,

두 번째 묶음은 $\left(1\frac{1}{5}, 1\frac{2}{5}, 1\frac{3}{5}, 1\frac{4}{5}\right)$,

세 번째 묶음은 $\left(2\frac{1}{5}, 2\frac{2}{5}, 2\frac{3}{5}, 2\frac{4}{5}\right)$ 입니다.

97을 4로 나누면 몫은 24, 나머지는 1이므로
24번째 묶음 다음의 첫 번째 분수가 됩니다.
즉 25번째 묶음의 첫 번째 분수입니다.
따라서 97번째 분수는 25번째 묶음인
$\left(24\frac{1}{5}, 24\frac{2}{5}, 24\frac{3}{5}, 24\frac{4}{5}\right)$ 에서 첫 번째 분수
인 $24\frac{1}{5}$ 이므로 24+5+1=30입니다.

KMA 실전 모의고사

① 회
48~57쪽

01	675	02	②	03	840
04	④	05	3	06	23
07	5	08	28	09	9
10	6	11	④	12	10
13	391	14	9	15	19
16	5	17	96	18	48
19	800	20	80	21	①
22	683	23	100	24	32
25	3	26	231	27	84
28	300	29	60	30	4

01 $45 \times 15 = 675$(개)

02 ① 500 ② 960 ③ 354 ④ 666 ⑤ 646

03 1주일은 7일이므로 $120 \times 7 = 840$(번) 합니다.

04 나머지는 나누는 수보다 작아야 합니다.

05 ㉠$=88 \div 4 = 22$, ㉡$=55 \div 5 = 11$,
㉢$=33 \div 3 = 11$이므로 ㉠$+$㉡$=33$입니다.
따라서 ㉠과 ㉡의 합은 ㉢의 3배입니다.

06 $92 \div 4 = 23$(개)

07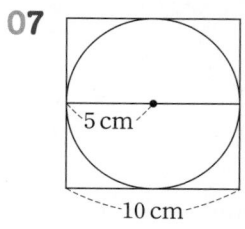
정사각형의 한 변의 길이는
$40 \div 4 = 10$(cm)이고,
이것은 원의 지름의 길이와
같습니다.
따라서 반지름은
$10 \div 2 = 5$(cm)입니다.

08 $7 \times 4 = 28$(cm)

09 (작은 원의 반지름)$=12 \div 2 = 6$(cm)
(큰 원의 지름의 길이)$=6 \times 3 = 18$(cm)
(큰 원의 반지름)$=18 \div 2 = 9$(cm)

10 색칠한 부분은 전체를 똑같이 6으로 나눈 것 중의 1입니다.
따라서 분수로 나타내면 $\frac{1}{6}$입니다.

11 ④ $\frac{1}{1}$, $\frac{2}{2}$, $\frac{3}{3}$, $\frac{4}{4}$, …와 같이 분모와 분자가 같은 분수는 1과 크기가 같습니다.
그러므로 $\frac{2}{3}$, $\frac{4}{4}$, $\frac{6}{5}$, $\frac{7}{7}$ 중에서 1과 크기가 같은 분수는 $\frac{4}{4}$와 $\frac{7}{7}$로 2개입니다.

12 35의 $\frac{1}{7}$이 5이므로 35의 $\frac{4}{7}$는 20이고, 36의 $\frac{1}{6}$이 6이므로 36의 $\frac{5}{6}$는 30입니다.
따라서 ㉮와 ㉯의 차는 $30-20=10$입니다.

13 가장 작은 수와 둘째로 작은 수의 곱을 구하면 됩니다.
➡ $17 \times 23 = 391$

14 ㉠$\times$㉠의 일의 자리 숫자는 1이므로 ㉠에 알맞은 숫자는 1 또는 9입니다.
$111 \times 1 = 111$, $999 \times 9 = 8991$이므로 ㉠에 알맞은 숫자는 9입니다.

15 $34 \times 52 = 1768$이므로
$\square \times 5 = 1768-1673 = 95$입니다.
$\square = 95 \div 5 = 19$

16 5로 나누어떨어지는 수는 일의 자리 숫자가 0 또는 5인 수이므로 20, 25, 50, 90, 95입니다.
따라서 모두 5개입니다.

17 선분 ㄱㄹ의 길이는 원의 지름의 길이의 3배이고, 선분 ㄱㄴ의 길이는 원의 지름의 길이와 같습니다.
따라서 직사각형 ㄱㄴㄷㄹ의 네 변의 길이의 합은 원의 지름의 8배와 같으므로
$12 \times 8 = 96$(cm)입니다.

18 (변 ㄱㄴ의 길이)$=4 \times 4 = 16$(cm)
(변 ㄴㄷ의 길이)$=4 \times 4 = 16$(cm)
(변 ㄷㄱ의 길이)$=4 \times 4 = 16$(cm)
따라서 세 변의 길이의 합은 $16 \times 3 = 48$(cm)입니다.

19 3600의 $\frac{1}{9}$은 400이고, $\frac{7}{9}$은 2800입니다.
따라서 남는 돈은 $3600-2800=800$(원)입니다.

20 (어떤 수)$=12\times8=96$

따라서 96의 $\frac{5}{6}$는 80입니다.

21 곱이 가장 큰 경우 : $74\times91=6734$

곱이 가장 작은 경우 : $17\times49=833$

따라서 차는 $6734-833=5901$입니다.

22 ㉮가 가장 크기 위해서는 ㉯도 가장 커야 하므로 ㉯는 한 자리 수 중 가장 큰 수인 9이고 ★은 나머지가 될 수 있는 수 중 가장 큰 수인 8입니다. ➡ ㉮$=9\times75+8=683$

23 가로가 $16\,cm=160\,mm$,

세로가 $64\,cm=640\,mm$이고,

원의 반지름이 $1\,cm\ 6\,mm$이므로 원의 지름은 $3\,cm\ 2\,mm=32\,mm$가 됩니다.

$32\times5=160$이므로 가로에 원을 5개까지 그릴 수 있고, $32\times20=640$이므로 세로에 원을 20개까지 그릴 수 있습니다.

따라서 직사각형 안에 원을 모두 $5\times20=100$(개) 그릴 수 있습니다.

24 전체를 색칠한 부분의 크기만큼 똑같이 나누어 보면 16개의 부분으로 나눌 수 있습니다. 그러나 색칠한 부분이 2에 해당하므로 작은 삼각형을 2개로 나누어야 합니다.

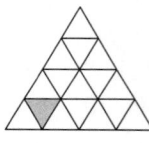

따라서 전체를 나눈 수는 32로 색칠한 부분을 분수로 나타내면 $\frac{2}{32}$입니다.

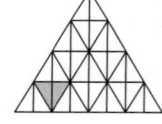

25 $4\square\div4$, $3\square\div7$, $\square9\div9$로 모두 3개입니다.

26 더해지는 수들을 225를 기준으로 나타내 보면

$(225+5)+(225-1)+225+(225+1)+225$
$\qquad+(225-5)$
$=225+225+225+225+225+225+5$
$\qquad-1+1-5$
$=225+225+225+225+225+225$
$=225\times6$

따라서 ㉮$+$㉯$=225+6=231$입니다.

27 73부터 76까지의 수를 7로 나누었을 때 나머지는 각각 3, 4, 5, 6입니다.

77부터 83까지의 수를 7로 나누었을 때 나머지는 각각 0, 1, 2, 3, 4, 5, 6입니다.

84부터 90까지의 수를 7로 나누었을 때 나머지는 각각 0, 1, 2, 3, 4, 5, 6입니다.

91부터 97까지의 수를 7로 나누었을 때 나머지는 각각 0, 1, 2, 3, 4, 5, 6입니다.

98부터 100까지의 수를 7로 나누었을 때 나머지는 각각 0, 1, 2입니다.

따라서 나머지를 모두 더하면 $18+21+21+21+3=84$입니다.

28 (중간 원의 지름)$=(24\times5)\div4=30$(cm)

(가장 큰 원의 지름)$=(24\times5)\div3=40$(cm)

(굵은 선의 길이의 합)
$=(24\times5)+(30\times2)+(40\times3)$
$=120+60+120=300$(cm)

29 그림을 그려서 해결해 보면

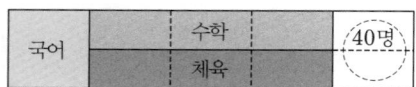

전체 학생을 5등분 하여 국어를 좋아하는 학생 $\frac{1}{5}$을 색칠하고 수학은 남은 부분의 $\frac{3}{8}$이므로 나머지를 8등분 하여 3개를 색칠하고 체육은 남은 부분의 $\frac{3}{5}$이므로 나머지를 5등분 하여 3개를 색칠하면 나머지는 전체의 $\frac{1}{5}$입니다.

전체의 $\frac{1}{5}$이 40명이므로 전체 학생 수는 $40\times5=200$(명)입니다. 또한 그림에서 수학을 좋아하는 학생은 전체의 $\frac{3}{10}$입니다.

수학을 좋아하는 학생은 200명의 $\frac{3}{10}$으로 200을 10묶음으로 묶은 것 중에 3묶음에 해당하므로 $200\div10\times3=60$(명)입니다.

30 (선분 ㄱㅁ의 길이)$=13-10=3$(cm)

(선분 ㅂㄴ의 길이)$=10-3=7$(cm)

(선분 ㅅㄷ의 길이)$=13-7=6$(cm)

(선분 ㄹㅇ의 길이)$=10-6=4$(cm)

②회   58~67쪽

01 ②	**02** 978	**03** ⑤
04 ④	**05** 21	**06** 14
07 24	**08** 7	**09** 112
10 75	**11** 2	**12** 5
13 432	**14** 28	**15** 600
16 38	**17** 16	**18** 3
19 36	**20** 12	**21** 137
22 97	**23** 20	**24** 81
25 44	**26** 18	**27** 424
28 96	**29** 197	**30** 5

01 ① 1090   ② 1533   ③ 1134
     ④ 1450   ⑤ 1365

02 $163 \times 6 = 978(\text{cm})$

03 $523 \times 4 = 2092$, $328 \times 7 = 2296$
     $63 \times 20 = 1260$, $42 \times 40 = 1680$

04 ① 12   ② 11   ③ 13   ④ 14   ⑤ 10

05

$$
\begin{array}{r}
\boxed{1}\ 4 \\
6\ )\overline{8\ \boxed{6}} \\
\underline{6} \\
\boxed{2}\ \boxed{6} \\
\underline{\boxed{2}\ 4} \\
2
\end{array}
$$
➡ $1+6+2+6+2+4$
     $=21$

06 6일마다 하루 쉬는 꼴이므로 $89 \div 6 = 14 \cdots 5$
에서 쉬는 날이 14번 있습니다.

07 (작은 원의 지름의 길이)$=6 \times 2 = 12(\text{cm})$
     (큰 원의 지름의 길이)$=12 \times 2 = 24(\text{cm})$

08

➡ 7개

09 선분 ㄷㄹ의 길이는 원의 지름의 길이와 같습니다.
따라서 $14 \times 8 = 112(\text{cm})$입니다.

10 ★을 5묶음으로 똑같이 나눈 것 중의 3묶음이 45이므로 ★$=45 \div 3 \times 5 = 75$입니다.

11 분자가 분모의 2배보다 큰 분수를 찾습니다.
➡ $\dfrac{35}{15}$, $\dfrac{20}{4}$

12 20개의 $\dfrac{1}{4}$은 20을 4묶음으로 묶은 것 중 1묶음에 해당하는 것으로 동생은 $20 \div 4 = 5(\text{개})$를 먹었습니다.
남은 사탕은 $20 - 5 = 15(\text{개})$이고 15의 $\dfrac{2}{3}$는 15를 3묶음으로 묶은 것 중 2묶음에 해당하는 것으로 형은 $15 \div 3 \times 2 = 10(\text{개})$를 먹었습니다.
따라서 형은 동생보다 $10 - 5 = 5(\text{개})$ 더 먹었습니다.

13 (버스에 탄 승객 수)
$=(30-3) \times 16 = 27 \times 16 = 432(\text{명})$

14
$$
\begin{array}{r}
\bigcirc\ 5 \\
\times\ \ 5\ 7 \\
\hline
2\ 4\ \bigcirc \\
\bigcirc\ 7\ \bigcirc \\
\hline
1\ \bigcirc\ 9\ \bigcirc
\end{array}
$$
$5 \times 7 = 35$이므로 ㉡$=5$,
㉠$\times 7 = 24 - 3 = 21$, ㉠$=3$,
$35 \times 5 = 175$이므로
㉢$=1$, ㉣$=5$,
$35 \times 57 = 1995$이므로
㉤$=9$, ㉥$=5$입니다.
➡ $3+5+1+5+9+5 = 28$

15 8도막을 만들려면 7번 잘라야 합니다. 또한 3도막을 만들려면 2번 잘라야 합니다.
(한 번 자르는 데 걸리는 시간)$=35 \div 7 = 5(\text{분})$
따라서 3도막으로 만드는 데 걸리는 시간은
$5 \times 2 \times 60 = 600(\text{초})$입니다.

16 (어떤 수)$\div 9 = 27 \cdots 5$
(어떤 수)$=9 \times 27 + 5 = 248$
$248 \div 7 = 35 \cdots 3$
➡ $35 + 3 = 38$

17 (선분 ㄱㄴ의 길이)+(선분 ㄴㄷ의 길이)
$=11+11 = 22(\text{cm})$
(선분 ㄱㄹ의 길이)+(선분 ㄹㄷ의 길이)
$=38-22 = 16(\text{cm})$
선분 ㄱㄹ과 선분 ㄹㄷ은 모두 작은 원의 반지름이므로 두 길이의 합이 작은 원의 지름의 길이와 같습니다.

따라서 작은 원의 지름의 길이는 16 cm입니다.

18 네 변의 길이의 합이 48 cm인 정사각형의 한 변의 길이는 $48 \div 4 = 12$(cm)입니다.

(정사각형의 한 변의 길이)=(큰 원의 지름)이고, 큰 원의 중심이 작은 원의 둘레 위에 있으므로 (큰 원의 반지름)=(작은 원의 지름)입니다.

큰 원의 지름이 12 cm이므로 작은 원의 지름은 6 cm이고, 반지름은 3 cm입니다.

선분 ㅁㅂ은 작은 원의 반지름이므로 선분 ㅁㅂ의 길이는 3 cm입니다.

19

남은 사탕이 8개이므로 수직선의 눈금 한 칸은 4개를 나타냅니다.

따라서 어머니께서 사 오신 사탕은 $9 \times 4 = 36$(개)입니다.

20 (아버지의 연세)$=70$의 $\dfrac{3}{5} = 42$(세)

(예슬이의 나이)$=42$의 $\dfrac{2}{7} = 12$(살)

21 15도막으로 자르려면 14번 자르고 13번을 쉬어야 합니다.

따라서 통나무를 자르는 데 걸린 시간은 $14 \times 7 + 13 \times 3 = 137$(분)입니다.

22 두 자리 수 중 가장 큰 수는 99입니다.

$99 \div 7 = 14 \cdots 1$이므로 몫과 나머지의 합은 15입니다.

그러나 몫이 13이고, 나머지가 6일 때, 몫과 나머지의 합이 더 큽니다.

따라서 구하는 수는 $7 \times 13 + 6 = 97$입니다.

23 지름이 6 cm인 원의 반지름은 3 cm입니다.

원의 중심을 이어 만든 사각형은 정사각형이므로 네 변의 길이의 합이 120 cm가 되려면 한 변의 길이는 $120 \div 4 = 30$(cm)입니다.

정사각형의 한 변의 길이는

첫째는 반지름의 2배이므로 $3 \times 2 = 6$(cm),

둘째는 반지름의 4배이므로 $3 \times 4 = 12$(cm),

셋째는 반지름의 6배이므로 $3 \times 6 = 18$(cm),

넷째는 반지름의 8배이므로 $3 \times 8 = 24$(cm),

다섯째는 반지름의 10배이므로

$3 \times 10 = 30$(cm)입니다.

따라서 다섯째에 놓인 원의 개수를 구하면

$6 \times 4 - 4 = 20$(개)입니다.

24 $\dfrac{1}{5}$ 시간$=12$분, $\dfrac{1}{4}$ 시간$=15$분이므로

한초가 동화책을 다 읽는데 걸리는 시간 :

$180 \div 15 \times 12 = 144$(분)

영수가 동화책을 다 읽는데 걸리는 시간 :

$180 \div 12 \times 15 = 225$(분)

따라서 영수는 한초가 다 읽은 지

$225 - 144 = 81$(분) 후에 다 읽습니다.

25 두 기계를 동시에 가동하여 30초 동안 9개의 장난감을 만들 수 있으므로 $792 \div 9 = 88$입니다.

따라서 $30 \times 88 = 2640$(초)이므로

$2640 \div 60 = 44$(분) 동안 만든 것입니다.

26

$\bigcirc \times 8$의 일의 자리 숫자가 6이므로 $\bigcirc$은 2 또는 7입니다.

$\bigcirc=2$인 경우, $f=1$이고, $c+1+e=18$, $c+e=17$을 만족시키는 c와 e가 없습니다.

$\bigcirc=7$인 경우, $f=5$이고, $c+5+e=18$, $c+e=13$이므로

$(c, e) = (9, 4)$ 또는 $(7, 6)$ 또는 $(5, 8)$ 중의 하나입니다.

$(c, e) = (9, 4)$인 경우,

$\bigcirc=7$이고, $\bigcirc=3$ 또는 8이므로

$\bigcirc \times \bigcirc$의 십의 자리 숫자가 3이 아닙니다.

$(c, e) = (7, 6)$인 경우,

$\bigcirc=1$이고, $\bigcirc=2$ 또는 7이므로

$\bigcirc \times \bigcirc$의 십의 자리 숫자가 3이 아닙니다.

$(c, e) = (5, 8)$인 경우,

$\bigcirc=5$이고, $\bigcirc=1$ 또는 6이므로

$\bigcirc \times \bigcirc = 6 \times 5 = 30$입니다.

따라서 $\bigcirc\bigcirc \times \bigcirc 8 = 67 \times 58 = 3886$이므로

$\bigcirc + \bigcirc + \bigcirc = 6 + 7 + 5 = 18$입니다.

27 $㉮÷㉯=6\cdots5 \Rightarrow ㉮=㉯\times6+5$이므로
$㉯\times6+5-㉯=45$에서 $㉯=8$이고 $㉮=53$입니다.
$\Rightarrow ㉮\times㉯=53\times8=424$

28 원의 반지름은 2배씩 커지는 규칙이 있으므로
원 ④의 반지름은 8 cm, 원 ⑤의 반지름은
16 cm, 원 ⑥의 반지름은 32 cm입니다.
따라서 점 ㄱ에서 ⑥의 중심까지의 거리는
$3+1+2\times2+4\times2+8\times2+16\times2+32$
$=96(cm)$입니다.

29

바닥에 깔린 타일 전체
는 작은 정사각형이
$13\times11=143$(개)이고
그중 흰색 타일은
$18\times3=54$(개)입니다.

따라서 흰색 타일이 차지하는 부분은 전체의
$\dfrac{54}{143}$이므로 $54+143=197$입니다.

30 ㉮, ㉯, ㉰, ㉱를 7로 나눌 때 몫을 각각 ㉠, ㉡,
㉢, ㉣이라 하고 나머지를 ★이라 하면
$㉮=7\times㉠+★$, $㉯=7\times㉡+★$,
$㉰=7\times㉢+★$, $㉱=7\times㉣+★$이므로
$㉮+㉯+㉰+㉱$
$=(㉠+㉡+㉢+㉣)\times7+★\times4$입니다.
따라서 $195-★\times4$는 7로 나누어떨어지는 수
이고 ★은 0부터 6까지의 수입니다.
★이 0일 때 : $195\div7=27\cdots6(\times)$
★이 1일 때 : $(195-4)\div7=27\cdots2(\times)$
★이 2일 때 : $(195-8)\div7=26\cdots5(\times)$
★이 3일 때 : $(195-12)\div7=26\cdots1(\times)$
★이 4일 때 : $(195-16)\div7=25\cdots4(\times)$
★이 5일 때 : $(195-20)\div7=25(\bigcirc)$
따라서 ㉮, ㉯, ㉰, ㉱를 각각 7로 나누면 나머
지는 5가 됩니다.

---

❸ 회   68~77쪽

01 ④	**02** 561	**03** 26
04 19	**05** 2	**06** 33
07 10	**08** 10	**09** 14
10 ④	**11** 21	**12** 26
13 4	**14** 46	**15** 31
16 4	**17** 736	**18** 8
19 60	**20** 60	**21** 27
22 245	**23** 23	**24** 3
25 5	**26** 800	**27** 175
28 84	**29** 7	**30** 63

01 ㉠ 2888 ㉡ 3105 ㉢ 2765
$\Rightarrow ㉡>㉠>㉢$

02 $33\times17=561$(개)

03

$\begin{array}{r} 2\ ㉠ \\ \times\ ㉡\ 6 \\ \hline 1\ 3\ 8 \\ ㉢\ ㉣ \\ \hline 1\ 0\ 5\ ㉤ \end{array}$

㉠×6의 일의 자리 숫자가 8
이므로 ㉠은 3 또는 8입니다.
㉠=3일 때, $23\times6=138(\bigcirc)$
㉠=8일 때, $28\times6=168(\times)$
이므로 ㉠=3입니다.

㉤=8이고, $1058-138=920$이므로
㉢=9, ㉣=2입니다.
$23\times㉡=92$이므로 ㉡=4입니다.
$\Rightarrow 3+4+9+2+8=26$

04 $99\div5=19\cdots4$이므로 100보다 작은 자연수 중
5로 나눌 때 나머지가 4인 수는 몫이 1부터 19
까지이고 나머지가 4인 수이므로 모두 19개입
니다.

05 $41\div5=8\cdots1$이고, $(41-1)\div3=13\cdots1$이
므로 빠진 사람은 모두 $1+1=2$(명)입니다.

06 (어떤 수)$\div4=23\cdots3$
(어떤 수)$=4\times23+3=95$
바르게 계산하면 $95\div3=31\cdots2$입니다.
$\Rightarrow 31+2=33$

07 한 변의 길이가 20 cm인 정사각형 안에 그릴
수 있는 가장 큰 원은 지름의 길이가 20 cm인
원입니다.

따라서 반지름이 10 cm이므로 컴퍼스의 침과 연필심 사이의 거리는 10 cm로 해야 합니다.

08 (반지름)$=30 \div 6 = 5$(cm)
(지름의 길이)$=5 \times 2 = 10$(cm)

09 삼각형의 세 변의 길이는 원의 반지름과 같습니다.
따라서 반지름은 $21 \div 3 = 7$(cm)이고, 지름의 길이는 $7 \times 2 = 14$(cm)입니다.

10 ① $\dfrac{40}{7} = 5\dfrac{5}{7}$ ② $\dfrac{28}{5} = 5\dfrac{3}{5}$ ③ $\dfrac{50}{9} = 5\dfrac{5}{9}$
④ $\dfrac{49}{8} = 6\dfrac{1}{8}$ ⑤ $\dfrac{35}{6} = 5\dfrac{5}{6}$

11 $2\dfrac{5}{8} = \dfrac{2 \times 8 + 5}{8} = \dfrac{21}{8}$이므로 필요한 컵은 21개입니다.

12 $\dfrac{5}{18}$는 전체를 18로 나눈 것 중의 5입니다.

36 cm인 종이테이프의 $\dfrac{5}{18}$는 36 cm를 18로 나눈 것 중의 5이므로 10 cm가 됩니다.
따라서 10 cm를 사용하였으므로 남은 종이테이프의 길이는 $36 - 10 = 26$(cm)입니다.

13 곱의 일의 자리 숫자가 곱하는 8의 개수에 따라 8, 4, 2, 6으로 반복되는 규칙입니다.
$50 \div 4 = 12 \cdots 2$이므로 8을 2번 곱했을 때의 일의 자리 숫자와 같은 4입니다.

14 (정사각형 1개)$=(3 \times 1) + 1 = 4$(개)
(정사각형 2개)$=(3 \times 2) + 1 = 7$(개)
(정사각형 3개)$=(3 \times 3) + 1 = 10$(개)
　　　　　　　⋮
(필요한 성냥개비의 수)
$=3 \times$ (정사각형의 수)$+1$
$=3 \times 15 + 1 = 46$(개)

15

긴 쪽 ├────────────────┤
　　　　　　　　　　　8 cm ┤70 cm
짧은 쪽 ├──────────┤

따라서 짧은 막대의 길이는
$(70 - 8) \div 2 = 31$(cm)입니다.

16 $\square 7 \div 4 = $ 몫 $\cdots 3$이므로 $\square 7$에서 3을 뺀 $\square 4$는 4로 나누어떨어지는 수입니다.

따라서 24, 44, 64, 84가 될 수 있으므로 $\square$ 안에 들어갈 수 있는 숫자는 모두 4개입니다.

17

굵은 선의 길이는 직사각형의 네 변의 길이의 합과 같습니다.

(가로 길이)$=46 \times 5 = 230$(mm)
(세로 길이)$=46 \times 3 = 138$(mm)
따라서 굵은 선의 길이는
$230 + 138 + 230 + 138 = 736$(mm)

18 원 가의 지름을 ①이라 하면,
원 나의 지름은 $① \times 2 = ②$이고,
원 다의 지름은 $② \times 3 = ⑥$이고,
원 라의 지름은 $① + ② + ⑥ = ⑨$입니다.
따라서 원 가의 지름은 $36 \times 2 \div 9 = 8$(cm)입니다.

19 (세로 길이)$=12$ cm
가로 길이의 $\dfrac{2}{3}$가 세로 길이인 12 cm이므로
가로 길이의 $\dfrac{1}{3}$은 6 cm입니다.
따라서 가로 길이는 18 cm이므로 직사각형의 네 변의 길이의 합은
$18 + 12 + 18 + 12 = 60$(cm)입니다.

20 • 자연수 부분이 1일 때 :
$1\dfrac{2}{6}, 1\dfrac{3}{6}, 1\dfrac{4}{6}, 1\dfrac{5}{6}, 1\dfrac{2}{5}, 1\dfrac{3}{5}, 1\dfrac{4}{5}, 1\dfrac{2}{4},$
$1\dfrac{3}{4}, 1\dfrac{2}{3}$ ➡ 10개
• 자연수 부분이 2일 때 :
$2\dfrac{1}{6}, 2\dfrac{3}{6}, 2\dfrac{4}{6}, 2\dfrac{5}{6}, 2\dfrac{1}{5}, 2\dfrac{3}{5}, 2\dfrac{4}{5}, 2\dfrac{1}{4},$
$2\dfrac{3}{4}, 2\dfrac{1}{3}$ ➡ 10개
　　　　　　⋮
• 자연수 부분이 6일 때 :
$6\dfrac{1}{5}, 6\dfrac{2}{5}, 6\dfrac{3}{5}, 6\dfrac{4}{5}, 6\dfrac{1}{4}, 6\dfrac{2}{4}, 6\dfrac{3}{4}, 6\dfrac{1}{3},$
$6\dfrac{2}{3}, 6\dfrac{1}{2}$ ➡ 10개

따라서 만들 수 있는 대분수는 $10 \times 6 = 60$(개)입니다.

21 두 수의 곱의 일의 자리 숫자가 1이 되고, 두 수의 합의 일의 자리 숫자가 0이 되는 두 수는 일의 자리 숫자가 각각 3과 7입니다.
$13 \times 37 = 481(\times)$, $17 \times 33 = 561(\times)$,
$23 \times 27 = 621(\bigcirc)$
따라서 두 수는 23과 27이므로
큰 수는 27입니다.

22 2, 7, 7, 5, 7, 9, 4가 반복되는 규칙입니다.
$81 \div 7 = 11 \cdots 4$이므로 11번 반복되고 4개의 수가 놓입니다. 따라서 7은 $3 \times 11 + 2 = 35$(번) 나오므로 그들의 합은 $7 \times 35 = 245$입니다.

23 학생 수를 □명이라고 하면
$3 \times □ + 6 = 5 \times □ - 40 \Rightarrow □ = 23$
따라서 학생 수는 23명입니다.

24

21 kg   13 kg

물의 $\frac{4}{9}$의 무게가
$21 - 13 = 8$(kg)이므로
물의 $\frac{1}{9}$의 무게는 2 kg입니다.

따라서 물 전체의 무게는 $2 \times 9 = 18$(kg)이고
물통만의 무게는 $21 - 18 = 3$(kg)입니다.

25 □가 1~9까지의 수 중 가장 큰 수인 9라고 생각하면
$49 \div 5 = 9 \cdots 4(\times)$, $91 \div 6 = 15 \cdots 1(\bigcirc)$,
$99 \div 9 = 11(\times)$, $29 \div 2 = 14 \cdots 1(\bigcirc)$,
$98 \div 7 = 14(\bigcirc)$, $39 \div 3 = 13(\bigcirc)$,
$89 \div 8 = 11 \cdots 1(\times)$, $93 \div 4 = 23 \cdots 1(\bigcirc)$
따라서 몫이 12보다 큰 수가 나올 수 있는 식은 5개입니다.

26 필요한 팥 도넛은 $36 - 12 = 24$(개)이고, 필요한 꽈배기는 $12 \times 2 + 24 = 48$(개)입니다.
가장 비싸게 사는 방법은 팥 도넛과 꽈배기를 각각 따로 사는 방법입니다.
$\Rightarrow 700 \times 24 + (48 \div 3) \times 1000 = 32800$(원)
가장 싸게 사는 방법은 세트를 최대로 많이 사는 방법입니다.

$\Rightarrow 1000 \times 24 + (24 \div 3) \times 1000 = 32000$(원)
따라서 두 가격의 차는
$32800 - 32000 = 800$(원)입니다.

27 친구들에게 5장씩 더 주는데 $40 + 5 = 45$(장)이 더 필요하므로 친구는 $45 \div 5 = 9$(명)입니다.
따라서 처음에 장훈이가 가지고 있는 색종이는 모두 $15 \times 9 + 40 = 175$(장)입니다.

28

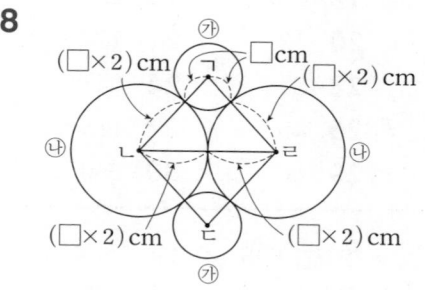

원 ㉮의 반지름을 □ cm라고 하면
원 ㉯의 반지름은 $□ \times 2$(cm)입니다.
삼각형 ㄱㄴㄹ의 세 변의 길이의 합이 70 cm이므로
$$\underbrace{□ + □ \times 2 + □ \times 2 + □ \times 2 + □ \times 2 + □}_{□를\ 10개\ 더한\ 값} = 70$$
$□ \times 10 = 70$, $□ = 7$입니다.
사각형 ㄱㄴㄷㄹ은 네 변의 길이 모두 같은 사각형으로 한 변의 길이는
$7 + 7 \times 2 = 21$(cm)입니다.
따라서 네 변의 길이의 합은
$21 \times 4 = 84$(cm)입니다.

29 가분수의 분모를 □라 하면 분자는 $□ \times 7 + 3$입니다.
$□ + □ \times 7 + 3 = 59$에서 $□ \times 8 + 3 = 59$이므로 $□ = (59 - 3) \div 8 = 7$입니다.

30

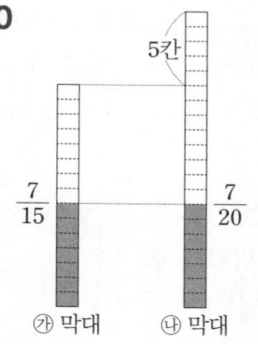

책상의 높이만큼 막대에 색칠해 보면 왼쪽과 같습니다.
두 막대의 길이가 5칸만큼의 차이가 있고 그 길이가 45 cm이므로 눈금 한 칸의 길이는
$45 \div 5 = 9$(cm)입니다.
따라서 책상의 높이는 $7 \times 9 = 63$(cm)입니다.

01	③	**02**	7	**03**	296
04	10	**05**	90	**06**	199
07	32	**08**	8	**09**	32
10	6	**11**	8	**12**	25
13	10	**14**	258	**15**	12
16	37	**17**	144	**18**	48
19	17	**20**	12	**21**	12
22	40	**23**	24	**24**	64
25	3	**26**	49	**27**	113
28	7	**29**	80	**30**	950

01 ① 680 ② 672 ③ 696 ④ 558 ⑤ 624
따라서 계산 결과가 가장 큰 것은 ③입니다.

02 27의 4배인 수에 27을 3번 더하면 27의 7배인 수가 됩니다.

03 빈 자리가 5자리씩 남았으므로 한 대에 $42-5=37$(명)씩 탔습니다.
따라서 버스에 탄 학생은 모두 $37 \times 8 = 296$(명)입니다.

04 $78 \div 8 = 9 \cdots 6$, $29 \div 7 = 4 \cdots 1$에서
$(㉠+㉡)-(㉢+㉣)=(9+6)-(4+1)=10$입니다.

05 $㉠=54 \div 3 = 18$이므로 $18=★\div 5$에서
$★=18 \times 5 = 90$입니다.

06 나누는 수가 8이므로 나머지가 될 수 있는 수 중 가장 큰 수는 7입니다.
■$\div 8 = 24 \cdots 7$에서 ■$=8 \times 24 + 7 = 199$입니다.

07 사각형 ㄱㄴㄷㄹ은 원의 지름을 한 변으로 하는 정사각형입니다.
주어진 원은 지름이 8 cm이므로 정사각형 ㄱㄴㄷㄹ의 네 변의 길이의 합은 $8 \times 4 = 32$(cm)입니다.

08 직사각형 안에 그릴 수 있는 가장 큰 원은 오른쪽 그림과 같이 지름이 16 cm인 원입니다.
반지름은 8 cm이므로 컴퍼스의

침과 연필심 사이의 거리는 8 cm로 해야 합니다.

09 사각형의 네 변의 길이는 원의 반지름으로 모두 같습니다.
따라서 원의 반지름은 $64 \div 4 = 16$(cm)이고, 원의 지름은 $16 \times 2 = 32$(cm)입니다.

10 분자는 $\underset{1개}{1}$, $\underset{2개}{1, 2}$, $\underset{3개}{1, 2, 3}$, $\underset{4개}{1, 2, 3, 4}$,
$\underset{5개}{1, 2, 3, 4, 5}$, …와 같은 규칙으로 나열하고,
분모는 $\underset{1개}{1}$, $\underset{2개}{2, 2}$, $\underset{3개}{3, 3, 3}$, $\underset{4개}{4, 4, 4, 4}$,
$\underset{5개}{5, 5, 5, 5, 5}$, …와 같은 규칙으로 분수를 나열한 것입니다.
따라서 □ 안에는 $\frac{1}{5}$이 들어가야 하므로
$㉠=1$, $㉡=5$로 $㉠+㉡=1+5=6$입니다.

11 $\frac{9}{17}$는 전체를 17로 나눈 것 중의 9입니다.
17 cm인 종이테이프의 $\frac{9}{17}$는 17 cm를 17로 나눈 것 중의 9이므로 9 cm가 됩니다.
따라서 9 cm를 사용하였으므로 남은 종이테이프의 길이는 $17-9=8$(cm)입니다.

12 $3\frac{□}{8}$인 대분수 중에서 가장 작은 수는 $3\frac{1}{8}$이므로 $3\frac{1}{8}=\frac{3 \times 8 + 1}{8}=\frac{25}{8}$입니다.

13

		6	㉠	
×			㉡	4
2	9	0	4	

㉠과 4의 곱에서 일의 자리가 4이므로 ㉠은 1 또는 6이 될 수 있습니다.
6과 ㉡의 곱은 29보다 작거나 같아야 하므로 ㉡은 1, 2, 3, 4가 될 수 있습니다.
㉠=1일 때, ㉡이 될 수 있는 수 중에서 가장 큰 수인 4인 경우 $61 \times 44 = 2684$이고, 2904보다 작으므로 ㉠은 1이 아닙니다.
㉠=6일 때, ㉡=1, 2, 3인 경우 2800보다 작고, ㉡=4인 경우 $66 \times 44 = 2904$입니다.
따라서 ㉠=6, ㉡=4이므로 ㉠+㉡=10입니다.

14 $18 \times 17 - 3 \times 16 = 306 - 48 = 258 \,(\text{cm})$

15
$$
\begin{array}{r}
 ㉠ ㉡ \\
\times \quad\quad 7 \\
\hline
5 \ 0 \ 4
\end{array}
$$
㉡ $\times 7$의 일의 자리 숫자가 4이므로 ㉡=2입니다.
㉠ $\times 7 + 1 = 50$이므로 ㉠=7입니다.
★$\times 6 = 72$이므로 ★$= 12$입니다.

16 바둑돌을 5개씩 묶으면 그 안에는 흰색 바둑돌 2개와 검은색 바둑돌 3개가 있습니다.
바둑돌 전체 개수가 92개이므로
$92 \div 5 = 18 \cdots 2$에서 18묶음과 흰색 바둑돌 1개, 검은색 바둑돌 1개로 이루어져 있음을 알 수 있습니다.
따라서 $18 \times 2 + 1 = 37$(개)의 흰색 바둑돌이 있습니다.

17 (굵은 선의 길이)=(원의 지름의 길이)$\times 18$
$= 8 \times 18 = 144 \,(\text{cm})$

18 원 나의 지름을 ①이라 하면, 원 가의 지름은 ③, 원 다의 지름은 ②이고, 삼각형의 세 변의 길이의 합은 ③+①+②=⑥입니다.
따라서 원 나의 지름은 $96 \div 6 = 16 \,(\text{cm})$이므로 원 가의 지름은 $16 \times 3 = 48 \,(\text{cm})$입니다.

19 (형이 사용한 길이)
$= 48 \text{ m의 } \frac{1}{3} = 48 \div 3 = 16 \,(\text{m})$
(동생이 사용한 길이)
$= 48 \text{ m의 } \frac{1}{4} = 48 \div 4 = 12 \,(\text{m})$
(형, 동생, 용희가 사용한 리본의 길이)
$= 16 + 12 + 3 = 31 \,(\text{m})$
따라서 남은 리본의 길이는
$48 - 31 = 17 \,(\text{m})$입니다.

20
따라서 딸기 맛 사탕은 $72 \div (5+1) = 12$(개) 들어 있습니다.

21 256을 8번 더한 수에서 256을 3번 더한 수를 빼고 256을 7번 더한 수를 더하면 256을 12번 더한 수가 됩니다.
따라서 □ 안에 알맞은 수는 12입니다.

22 7로 나누었을 때 나머지는 0, 1, 2, 3, 4, 5, 6이 될 수 있습니다. 몫이 '0'이 될 수는 없으므로 몫이 1부터 6까지인 경우를 살펴봅니다.
몫이 1이고 나머지가 1인 수는 $7 \times 1 + 1 = 8$,
몫이 2이고 나머지가 2인 수는 $7 \times 2 + 2 = 16$,
몫이 3이고 나머지가 3인 수는 $7 \times 3 + 3 = 24$,
몫이 4이고 나머지가 4인 수는 $7 \times 4 + 4 = 32$,
몫이 5이고 나머지가 5인 수는 $7 \times 5 + 5 = 40$,
몫이 6이고 나머지가 6인 수는 $7 \times 6 + 6 = 48$
입니다. 즉, 7로 나누었을 때 몫과 나머지가 같은 수는 8, 16, 24, 32, 40, 48입니다. 이 중에서 40을 9로 나누면 $40 \div 9 = 4 \cdots 4$이므로 몫과 나머지가 각각 4로 같습니다. 따라서 7이나 9로 나누었을 때 몫과 나머지가 같은 수는 40입니다.

23 (㉡의 반지름)=(㉢의 반지름)$\times 2$이므로
(㉢의 반지름)$\times 3 = 18$,
(㉢의 반지름)$= 6 \,(\text{cm})$
따라서 ㉡은 지름이 $6 \times 2 \times 2 = 24 \,(\text{cm})$인 원의 $\frac{1}{4}$입니다.

24
전체를 색칠한 부분의 크기로 똑같이 나누어 보면 16개의 부분으로 나눌 수 있습니다.
➡ $\frac{1}{16}$
그러나 색칠한 부분의 분자가 4이므로 작은 삼각형을 4개로 나누어야 합니다.
따라서 전체를 나눈 수는 64이므로 색칠한 부분을 분수로 나타내면 $\frac{4}{64}$입니다.
➡ $\frac{1}{16} = \frac{4}{64}$

25 나눗셈식에서 나머지가 될 수 있는 수는 나누는 수보다 작은 수입니다.
따라서 1□$\div 2$와 2□$\div 3$, 4□$\div 4$의 식에서는 나머지가 4가 될 수 없습니다.
나머지 나눗셈식에서 □ 안에 0~9까지의 숫자를 넣어 나머지가 4가 될 수 있는 식을 찾으면

KMA 정답과 풀이

3□÷7, □9÷9, □4÷6으로 모두 3개입니다.

26 의자 사이의 간격 수는 22개이고 의자 사이의 간격은 90 cm이므로 22개의 의자 사이의 간격의 합을 구하면 22×90=1980(cm)입니다.
의자의 짧은 쪽의 길이가 1 m이고 의자의 개수가 23개이므로 23개의 의자의 짧은 쪽의 길이는 모두 23 m=2300 cm입니다.
따라서 ㉠=1980+2300+320+300
=4900(cm) ➡ 49 m입니다.

27 999÷8=124…7이므로 가장 큰 세 자리 수는 8×124+5=997입니다.
100÷8=12…4이므로 가장 작은 세 자리 수는 8×12+5=101입니다.
따라서 8로 나눌 때 나머지가 5가 되는 세 자리 수는 124−12+1=113(개)입니다.

28 ㉠의 길이는 원 가의 지름의 $\frac{1}{10}$이므로
60 cm의 $\frac{1}{10}$인 6 cm이고, 원 나의 반지름은 30−6=24(cm)입니다.
원 나의 지름이 24×2=48(cm)이므로 원 다의 반지름은 48 cm의 $\frac{1}{4}$인 12 cm입니다.
24+15+15+12+12+24−㉡=95(cm)
이므로 ㉡=7 cm입니다.

29

42명이 3학년 전체 학생 수의 $\frac{2}{9}$에 해당되므로
남학생은 42÷2×5−25=80(명)입니다.

30 1번 가로등부터 세어 오른쪽으로 12번째, 왼쪽으로 9번째 가로등 사이에 놓여 있는 가로등의 수는 11+8−1=18(개)입니다.
반대쪽에 가로등이 같은 개수만큼 세워져 있으므로 공원 둘레에 세워져 있는 가로등은 마주 보고 있는 두 가로등을 포함하여 18×2+2=38(개)입니다.
따라서 공원의 둘레는 25×38=950(m)입니다.

KMA 최종 모의고사

1 회 88~97쪽

01 105		**02** 608		**03** 858	
04 3		**05** 2		**06** 8	
07 6		**08** ③		**09** 9	
10 11		**11** 15		**12** 3	
13 384		**14** 30		**15** 41	
16 ①		**17** 3		**18** 15	
19 4		**20** 11		**21** 7	
22 8		**23** 150		**24** ③	
25 37		**26** 8		**27** 12	
28 272		**29** 170		**30** 14	

01 42×25=1050=105×10

02 16×38=608(개)

03 (어떤 수)+39=61, (어떤 수)=61−39=22
따라서 바르게 계산하면 22×39=858입니다.

04 나눗셈식에서 나머지가 될 수 있는 수는 나누는 수보다 작은 수입니다.
따라서 나머지가 4가 될 수 없는 식은 4 또는 4보다 작은 수로 나누는 식으로
□÷2, □÷4, □÷3이 있습니다.

05 38÷6=6…2이므로 짝을 짓지 못하고 남아 있는 학생은 2명입니다.

06 6명에게 나누어 준 연필은 50−2=48(자루)입니다.
따라서 48÷6=8(자루)이므로 한 사람에게 8자루씩 나누어 준 것입니다.

07 선분 ㄱㄴ의 길이는 원의 지름과 같습니다. 지름이 12 cm인 원을 그리려면 컴퍼스의 침과 연필심 사이의 거리는 반지름의 길이인 12÷2=6(cm)로 해야 합니다.

08 원 위의 두 점을 지나는 선분 중 가장 긴 선분이 원의 지름입니다.
원의 지름은 원의 중심을 지나야 합니다.

09 사각형의 각 변의 길이는 (반지름)+(반지름)으로 모두 같습니다.

따라서 한 변의 길이는 $72 \div 4 = 18(cm)$이고 사각형의 한 변은 (반지름)+(반지름)이므로 원의 반지름은 $18 \div 2 = 9(cm)$입니다.

10 $2\frac{3}{4} = \frac{2 \times 4 + 3}{4} = \frac{11}{4}$입니다.

따라서 $\frac{11}{4}$시간 동안 공원을 11바퀴 돌 수 있습니다.

11
먹은 참외 ─ 남은 참외, 6개

남은 참외가 6개이므로 수직선의 눈금 한 칸은 3개를 나타냅니다.
따라서 아버지께서 사 오신 참외는
$5 \times 3 = 15(개)$입니다.

12 (규형이가 가진 색종이의 수)
$=90의 \frac{1}{5} = 18(장)$
(한별이가 가진 색종이의 수)
$=90의 \frac{1}{6} = 15(장)$
따라서 규형이가 색종이를 3장 더 많이 가졌습니다.

13 타일이 15장이므로 직사각형의 가로 길이는 $15 \times 12 = 180(cm)$, 세로 길이는 $12\,cm$입니다.
따라서 $(180 + 12) \times 2 = 384(cm)$입니다.

14 3명이 하루에 각각 90번씩 10일 동안 줄넘기를 했으므로 세 사람이 한 줄넘기의 횟수를 구하는 식은 $3 \times 90 \times 10$입니다.
따라서 $3 \times 90 \times 10 = 90 \times 3 \times 10 = 90 \times 30$이므로 □ 안에는 30이 들어가야 합니다.

15 (오리의 다리 수)$=166 - (21 \times 4) = 82(개)$
(오리의 수)$=82 \div 2 = 41(마리)$

16 나머지가 8이고, 나누는 수는 나머지보다 크고 한 자리 수이어야 하므로 9입니다.
① $26 \div 9 = 2 \cdots 8$ ② $43 \div 9 = 4 \cdots 7$
③ $56 \div 9 = 6 \cdots 2$ ④ $66 \div 9 = 7 \cdots 3$
⑤ $75 \div 9 = 8 \cdots 3$

17 (선분 ㄱㄴ)$=36 \div 3 = 12(cm)$
따라서 원의 반지름은 $12 \div 4 = 3(cm)$입니다.

18 $12 + (6 \div 2) = 15(cm)$

19 세 사람이 4일 동안 하는 일의 양은 한 사람이 $3 \times 4 = 12(일)$ 동안 하는 일의 양과 같습니다.
따라서 한 사람이 12일 동안 전체 일의 양의 $\frac{3}{4}$을 한 것이므로 한 사람이 전체 일의 양의 $\frac{1}{4}$을 하는 데는 $12 \div 3 = 4(일)$이 걸립니다.

20 ㉠ 4, ㉡ 7
따라서 ㉠과 ㉡에 알맞은 수의 합은
㉠+㉡$=4+7=11$입니다.

21 7을 1번, 2번, 3번, ⋯ 곱하였을 때 일의 자리 숫자를 알아보면
$7, 7 \times 7 = 49, 7 \times 7 \times 7 = 343,$
$7 \times 7 \times 7 \times 7 = 2401,$
$7 \times 7 \times 7 \times 7 \times 7 = 16807,$
$7 \times 7 \times 7 \times 7 \times 7 \times 7 = 117649, \cdots$
7을 한 번씩 곱하였을 때마다 일의 자리 숫자는 7, 9, 3, 1, 7, 9, 3, 1, ⋯과 같이 7, 9, 3, 1이 반복됩니다.
$77 \div 4 = 19 \cdots 1$이므로 일의 자리 숫자는 반복되는 숫자 중 첫 번째 숫자와 같은 7입니다.

22 $(36 - 12) \div (5 - 2) = 24 \div 3 = 8(일)$

23 원을 21개 그렸을 때의 모양은 오른쪽과 같습니다.
삼각형의 한 변의 길이는 원의 지름의 5배와 같으므로 삼각형의 세 변의 길이의 합은 $5 \times 2 \times 5 \times 3 = 150(cm)$입니다.

24 가 $\frac{3}{8}$이므로 $\frac{1}{8}$은 입니다.
따라서 ①은 $\frac{2}{8}$, ②는 $\frac{4}{8}$, ③은 $\frac{5}{8}$, ④는 $\frac{6}{8}$, ⑤는 $\frac{7}{8}$을 나타냅니다.

25 나누어준 사람 수를 □명이라 하면
$7 \times \square + 111 = 10 \times \square$, $3 \times \square = 111$, $\square = 37$
따라서 37명에게 나누어 주었습니다.

26 덧셈식의 일의 자리 덧셈에서
$7 + \blacksquare = 13$, $\blacksquare = 6$
백의 자리 덧셈에서 $1 + ♥ + 8 = 12$, $♥ = 3$

$$\begin{array}{r} 5\ ★ \\ \times\quad 3\ 6 \\ \hline 2\ 0\ ★\ ★ \end{array}$$

에서 $★ \times 6$이 $★$, $1★$, $2★$, $3★$, $4★$, $5★$이
되는 $★$은 0, 2, 4, 6, 8입니다.
$★$에 0, 2, 4, 6, 8을 각각 넣어 계산할 때
$5★ \times 36 = 20★★$을 만족하는 $★ = 8$입니다.

27 ㉢ 색종이 6장을 나란히 놓은 길이와 ㉡ 색종이 2장을 나란히 놓은 길이가 같으므로 ㉡ 색종이의 긴 쪽의 길이는 $12 \div 2 = 6(\text{cm})$입니다.
㉢ 색종이 6장을 나란히 놓은 길이와 ㉠ 색종이 4장을 나란히 놓은 길이가 같으므로 ㉠ 색종이의 짧은 쪽의 길이는 $12 \div 4 = 3(\text{cm})$입니다.
정사각형 모양인 액자의 한 변의 길이가
$1\,\text{m}\ 20\,\text{cm} = 120\,\text{cm}$이므로 가로 한 줄에 놓일 ㉠ 색종이의 수는 $120 \div 3 = 40(\text{장})$, ㉡ 색종이의 수는 $120 \div 6 = 20(\text{장})$, ㉢ 색종이의 수는 $120 \div 2 = 60(\text{장})$입니다.
세로로 ㉠, ㉡, ㉢ 색종이를 나란히 놓았을 때 $6 + 4 + 2 = 12(\text{cm})$이므로 120 cm인 세로로 ㉠, ㉡, ㉢ 색종이가 10번이 들어갑니다.
따라서 ㉠ 색종이의 수는 $40 \times 10 = 400$, ㉡ 색종이의 수는 $20 \times 10 = 200$, ㉢ 색종이의 수는 $60 \times 10 = 600$이므로
$400 + 200 + 600 = 1200$입니다.
➡ $1200 \div 100 = 12$

28 ㉮에서 만든 사각형의 둘레는 원의 지름의 $(3+5) \times 2 = 16(\text{배})$이고
㉯에서 만든 사각형의 둘레는 원의 지름의 $6 + 2 + 2 + 4 = 14(\text{배})$입니다.
따라서 원의 지름은 $34 \div (16-14) = 17(\text{cm})$이므로 ㉮에서 만든 가장 큰 사각형의 네 변의 길이의 합은 $17 \times 16 = 272(\text{cm})$입니다.

29 분모가 20인 가분수는
$$\frac{20}{20},\ \frac{21}{20},\ \frac{22}{20},\ \cdots,\ \frac{20 \times 20 - 1}{20}$$ 이므로

㉠$= 20 \times 20 - 1 - 19 = 380$입니다.
분모가 15인 가분수는
$$\frac{15}{15},\ \frac{16}{15},\ \frac{17}{15},\ \cdots,\ \frac{15 \times 15 - 1}{15}$$ 이므로
㉡$= 15 \times 15 - 1 - 14 = 210$입니다.
따라서 ㉠$-$㉡$= 380 - 210 = 170$입니다.

30 서로 다른 숫자 4개로 된 네 자리 수의 자연수 ㉮㉯㉰㉱에서 '㉮$+$㉯$+$㉰'가 ㉱의 3배가 되는 2000에서 3000 사이의 네 자리수를 나열하면 다음과 같습니다.
2073, 2703, 2163, 2613, 2194, 2914, 2374,
2734, 2495, 2945, 2675, 2765, 2796, 2976

②회 98~107쪽

01	670	**02**	762	**03**	630
04	28	**05**	6	**06**	12
07	15	**08**	7	**09**	60
10	④	**11**	4	**12**	5
13	936	**14**	8	**15**	252
16	16	**17**	60	**18**	282
19	12	**20**	③	**21**	452
22	80	**23**	5	**24**	24
25	200	**26**	27	**27**	120
28	64	**29**	404	**30**	134

01 $67 \times 2 \times 5 = 670$

02 $254 \times 3 = 762(\text{m})$

03 $105 \times 6 = 630(\text{개})$

04 $84 \div 3 = 28$

05 7의 단 곱셈구구를 이용하면 $7 \times 8 = 56$이므로 □ 안에 알맞은 숫자는 6입니다.

06 $85 \div 7 = 12 \cdots 1$
고리를 12개 만들 수 있습니다.

07 한 변의 길이가 15 cm인 정사각형 안에 그릴 수 있는 가장 큰 원은 지름이 15 cm인 원입니다.

따라서 원 안에 그을 수 있는 선분 중에서 가장 긴 선분은 원의 지름이므로 15 cm입니다.

08 작은 원의 지름은 큰 원의 반지름과 같으므로 $28÷2=14(cm)$이고, 반지름은 지름의 반이므로 $14÷2=7(cm)$입니다.

09 사각형 ㄱㄴㄷㄹ의 네 변의 길이의 합은 원의 지름 5개와 같습니다.
따라서 사각형 ㄱㄴㄷㄹ의 네 변의 길이의 합은 $12×5=60(cm)$입니다.

10 ④

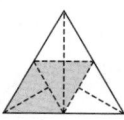

11
삼각형을 똑같은 모양 8개로 나누어 봅니다.
색칠된 부분은 전체를 8로 나눈 것 중의 4이므로 $\frac{4}{8}$입니다.

12 분모가 9인 분수 중에서 $\frac{21}{9}=2\frac{3}{9}$보다 크고 3보다 작은 대분수는 $2\frac{4}{9}, 2\frac{5}{9}, 2\frac{6}{9}, 2\frac{7}{9}, 2\frac{8}{9}$이므로 5개입니다.

13 (어떤 수)$+8=125$, (어떤 수)$=125-8=117$
따라서 바르게 계산하면 $117×8=936$입니다.

14 $185=184+1$이므로
$184+1+184+184+(184×5)$
$=184×8+1$입니다.

15 한 변의 길이가 4 cm인 정사각형을 만드는 것이므로 가로와 세로를 각각 4로 나눕니다.
$85÷4=21\cdots1$, $50÷4=12\cdots2$
따라서 만들 수 있는 정사각형은 모두
$21×12=252(개)$입니다.

16 $9×7+5=68$, $9×8+5=77$, $9×9+5=86$
이므로 책은 모두 77권입니다.
$77÷5=15\cdots2$에서 5권씩 책을 넣으면 15상자에 넣고 2권이 남습니다.
따라서 상자는 적어도 16개 필요합니다.

17 선분 ㄱㄹ의 길이는 원의 지름의 4배와 같고,

선분 ㄱㄴ의 길이는 원의 지름과 같습니다.
따라서 직사각형 ㄱㄴㄷㄹ의 네 변의 길이의 합은 원의 지름의 10배와 같으므로
$6×10=60(cm)$입니다.

18 고리를 1개 이을 때마다 안쪽 지름만큼 길이가 늘어납니다.
안쪽 지름의 총합은 $14×20=280(cm)$입니다.
따라서 가장 긴 경우의 전체 길이는
$1+280+1=282(cm)$입니다.

19 가분수는 분자가 분모와 같거나 분모보다 큰 수입니다.
(분모)$=(20-2)÷2=9$
(분자)$=9+2=11$
따라서 구하는 분수는 $\frac{11}{9}$이므로 $1\frac{2}{9}$입니다.
➡ $1+9+2=12$

20 ㉠ $\frac{6}{2}, \frac{6}{3}, \frac{6}{4}, \frac{6}{5}, \frac{6}{6}$ ➡ 5개

ㄴ $\frac{1}{12}, \frac{2}{12}, \cdots, \frac{11}{12}$ ➡ 11개

ㄷ $8\frac{1}{7}, 8\frac{2}{7}, \cdots, 8\frac{6}{7}$ ➡ 6개

21 연속된 세 수 중에서 가운데 수를 □라 하면, 연속된 세 수는 □-1, □, □$+1$입니다.
□$-1+$□$+$□$+1=1353$
□$+$□$+$□$=1353$
□$×3=1353$
따라서 $1353=451×3$이므로 □$=451$이고, 가장 큰 수는 $451+1=452$입니다.

22 ㉠$÷$ㄴ$=9$에서 ㉠$=$ㄴ$×9$입니다.
㉠$×$ㄴ$=576$에서 ㄴ$×9×$ㄴ$=576$,
ㄴ$×$ㄴ$=576÷9=64$이므로
ㄴ$=8$이고 ㉠$=8×9=72$입니다.
➡ ㉠$+$ㄴ$=72+8=80$

23
각 선분의 길이를 지름의 배로 나타내면,
선분 ㄱㅇ, 선분 ㅁㄹ,
선분 ㅈㅊ, 선분 ㅌㅋ:
각 1배
선분 ㅁㅂ, 선분 ㅅㅂ,

선분 ㅇㅅ, 선분 ㅈㅌ, 선분 ㅊㅋ : 각 2배
선분 ㄴㄷ : 4배
선분 ㄱㄴ, 선분 ㄹㄷ : 각 5배
따라서 굵은 선의 길이의 합이 원의 지름의
$1 \times 4 + 2 \times 5 + 4 + 5 \times 2 = 28$(배)이므로
원의 지름을 □ cm라 하면 □$\times 28 = 140$,
□$=5$입니다.

24 • 자연수 부분이 3인 대분수 :
$3\frac{2}{6}$, $3\frac{2}{7}$, $3\frac{6}{7}$, $3\frac{2}{9}$, $3\frac{6}{9}$, $3\frac{7}{9}$ (6개)

• 자연수 부분이 6인 대분수 :
$6\frac{2}{3}$, $6\frac{2}{7}$, $6\frac{3}{7}$, $6\frac{2}{9}$, $6\frac{3}{9}$, $6\frac{7}{9}$ (6개)

• 자연수 부분이 7인 대분수 :
$7\frac{2}{3}$, $7\frac{2}{6}$, $7\frac{3}{6}$, $7\frac{2}{9}$, $7\frac{3}{9}$, $7\frac{6}{9}$ (6개)

• 자연수 부분이 9인 대분수 :
$9\frac{2}{3}$, $9\frac{2}{6}$, $9\frac{3}{6}$, $9\frac{2}{7}$, $9\frac{3}{7}$, $9\frac{6}{7}$ (6개)

➡ $6 \times 4 = 24$(개)

25 늘어놓은 분수에서 규칙을 찾아보면 분모는
1씩 커지고 분자는 2씩 커지는 규칙이 있습니다.
따라서 100번째에 놓이는 분수는
$\frac{1 + 2 \times 99}{2 + 99} = \frac{199}{101} = 1\frac{98}{101}$이므로
㉠+㉡+㉢$=1+101+98=200$입니다.

26 $9 \times$㉡의 일의 자리 숫자가 4이므로 ㉡은 6입니다.
덧셈식의 일의 자리에서 $9+6=15$이므로
㉣은 5이고, 십의 자리로 받아올림되므로
$1+$㉠$+5=1$㉢에서 ㉠은 4, 5, 6, 7, 8, 9 중
의 하나입니다.
$59 \times 56 = 3304$, $79 \times 56 = 4424$,
$99 \times 56 = 5544$
곱의 백의 자리 숫자가 4이므로
$79 \times 56 = 4424$에서 ㉠은 7, ㉤은 4, ㉥은 2이
고, $79+56=135$에서 ㉢은 3입니다.
따라서 숫자의 합은 $7+6+3+5+4+2=27$
입니다.

27 십의 자리 숫자로 나눈 몫이 일의 자리 숫자로
나눈 몫의 $12 \div 6 = 2$(배)이므로 일의 자리 숫자
가 십의 자리 숫자의 2배인 수입니다.
($12 \div 1 = 12$, $12 \div 2 = 6$),
($24 \div 2 = 12$, $24 \div 4 = 6$),
($36 \div 3 = 12$, $36 \div 6 = 6$),
($48 \div 4 = 12$, $48 \div 8 = 6$)
➡ $12 + 24 + 36 + 48 = 120$

28 원의 중심을 이어서 만든 사각형은 네 변의 길
이가 모두 같은 정사각형입니다.
$42 \times 4 = 168$이므로 정사각형의 한 변의 길이
는 42 cm입니다.
정사각형의 한 변의 길이는 한 변에 놓인 원의
지름의 합보다 6 cm 짧으므로 한 변에 그려진
원의 수는 $(42 + 6) \div 6 = 8$(개)입니다.
따라서 원은 모두 $8 \times 8 = 64$(개) 그려야 합니다.

29
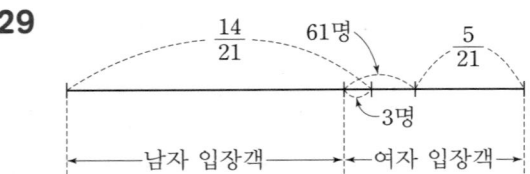

전체 입장객의 $\frac{2}{21}$가 $61 - 3 = 58$(명)이므로
전체 입장객의 $\frac{1}{21}$은 $58 \div 2 = 29$(명)입니다.
따라서 남자 입장객은 $29 \times 14 - 3 = 403$(명)이
고, 여자 입장객은 $29 \times 5 + 61 = 206$(명)이므로
$\frac{403}{206} = 1\frac{197}{206}$입니다.
➡ ㉠+㉡+㉢$=1+206+197=404$

30 삼각형 하나에 놓인 성냥개비의 개수는 3개입
니다.
첫 번째 : $0 + 3 \times 10 = 30$(개),
두 번째 : $1 + 3 \times 14 = 43$(개),
세 번째 : $2 + 3 \times 18 = 56$(개), …
성냥개비의 개수가 13개씩 증가하는 규칙이 있
으므로 9번째에 있는 성냥개비의 개수는
첫 번째에 있는 성냥개비의 개수보다
$13 \times 8 = 104$(개) 더 많은 $30 + 104 = 134$(개)입
니다.